JN213378

雪豹の大地

スピティ、冬に生きる

文・写真
山本高樹

Land of Snow Leopards

Contents

雪豹（ユキヒョウ、学名 Panthera uncia）

哺乳綱食肉目ネコ科ヒョウ属に分類される動物。中国西部、ロシア南部、モンゴル、中央アジア各国、ネパール、ブータン、インド北部、パキスタン北部、アフガニスタン東部などの地域で、ヒマラヤ山脈、アルタイ山脈、天山山脈、ヒンドゥークシュ山脈、パミール高原など、主に標高の高い山岳地帯に生息している。

雪豹の生息数は非常に少なく、全世界でも８０００頭未満と推定されている。IUCN（国際自然保護連合）が公開している絶滅危惧種レッドリストでは、雪豹は今後絶滅する恐れが高いVU（Vulnerable、危急種）に指定されている。２０２４年の調査によると、インド国内では、北部と北東部を中心に、７１８頭の雪豹が生息しているとされている。

成獣の雪豹の頭から尻までの体長は、１メートル前後。体長とほぼ同程度の長さの太い尻尾を持つ。４本の足はやや短めでがっしりと太く、足先は大きい。こうした体形のおかげで、雪の積もる険しい岩場でも、苦もなく移動することができる。体表に斑紋を描く灰色の長い体毛は足裏にまで生えており、高所での苛酷な寒さに適応している。

雪豹は主に、アイベックスやブルーシープ（バーラル）など、大型の草食動物を捕食する。冬の間に交尾し、春頃に１頭から３頭を出産。母親が子供を育てる育仔期間は、約２２カ月。野生下での雪豹の平均寿命は、１５年程度と考えられている。

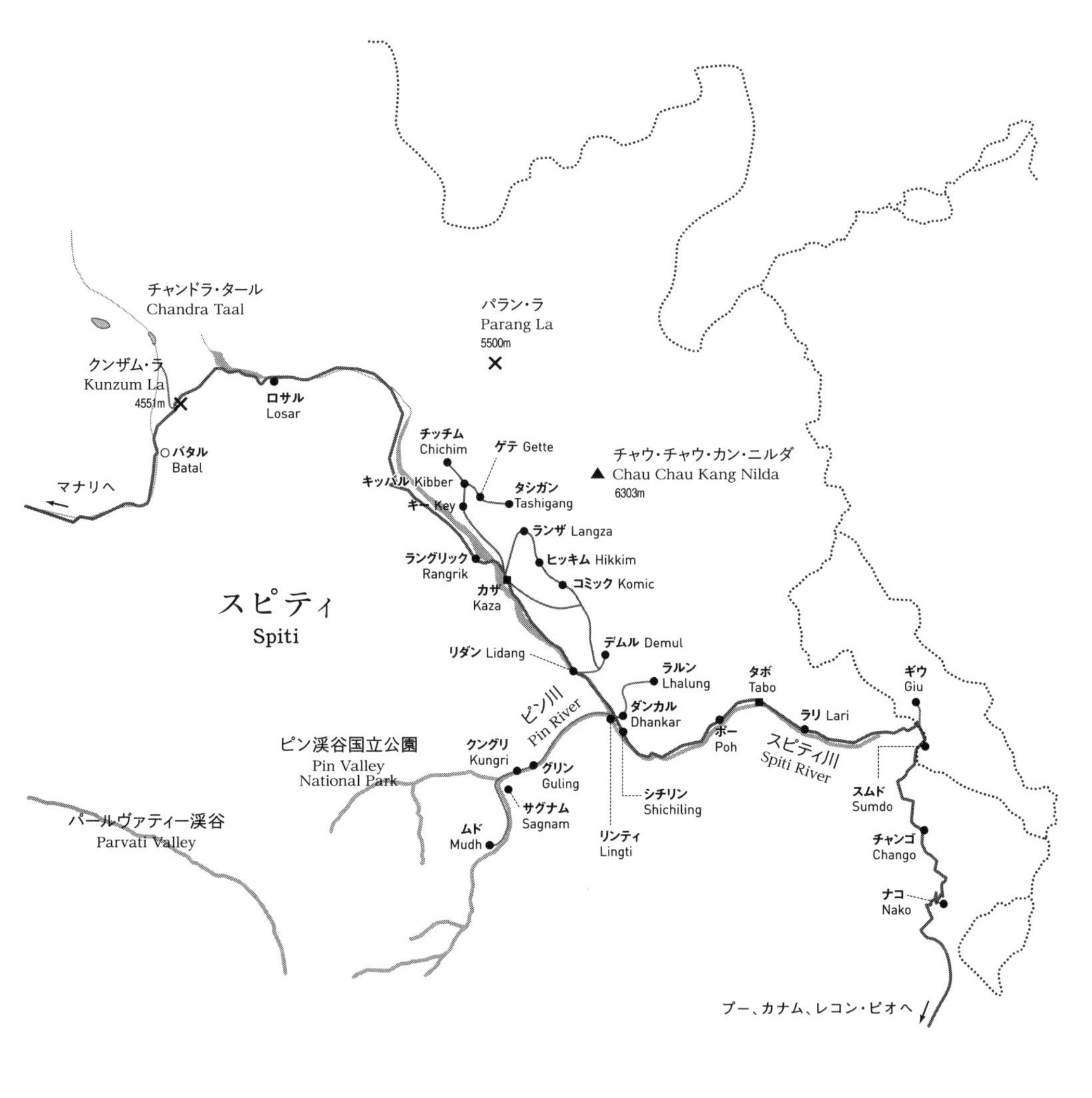

チャンドラ・タール
Chandra Taal
パラン・ラ
Parang La
5500m
クンザム・ラ
Kunzum La
4551m
ロサル
Losar
バタル
Batal
マナリへ
チッチム
Chichim
ゲテ Gette
チャウ・チャウ・カン・ニルダ
Chau Chau Kang Nilda
6303m
キッバル Kibber
キー Key
タシガン
Tashigang
ランザ Langza
ヒッキム Hikkim
ラングリック
Rangrik
カザ
Kaza
コミック Komic
スピティ
Spiti
デムル Demul
リダン Lidang
ラルン
Lhalung
タボ
Tabo
ギウ
Giu
ピン川
Pin River
ダンカル
Dhankar
ラリ Lari
ポー
Poh
スピティ川
Spiti River
ピン渓谷国立公園
Pin Valley
National Park
クングリ
Kungri
グリン
Guling
シチリン
Shichiling
スムド
Sumdo
サグナム
Sagnam
パールヴァティー渓谷
Parvati Valley
ムド
Mudh
リンティ
Lingti
チャンゴ
Chango
ナコ
Nako
プー、カナム、レコン・ピオへ

0
20km

雪豹の大地

スピティ、冬に生きる

夏の終わり

その断崖は、垂直に構えた鉈（なた）の刃のように、虚空に向けて突き出ていた。あまりにも鋭角に切れ落ちているので、崖の縁から下を覗き込んでも、どのくらいの落差があるのか、すぐには見定めることすらできなかった。

少し手前に、石灰が剥げ落ちて土色になった仏塔があり、その先の崖の突端には、四、五メートルほどの高さの柱が建っている。柱には、元の色がわからないほど日に焼けてぼろぼろになった祈祷旗（きとうき）が結わえつけられていて、冷たく乾いた風にはためいていた。

南に横たわる峡谷は、夕刻前の柔らかな日射しに照らされていて、その上には、淡く澄んだ青空が広がっていた。一方、北に連なる山嶺の上空は、今にも雨を降らせそうな暗い雲に覆われていた。まるで、僕が立っている断崖を境目に、空がまっぷたつに分かたれているかのようだった。

インド北部、ヒマーチャル・プラデーシュ州、スピティ地方。僕は、デムルという村の南はずれにある岩峰(がんぽう)、パラ・リの頂上にいた。デムルの標高は四千二百メートルに達するが、パラ・リの頂上は、さらに二、三百メートルほど高い場所にある。村へと続く車道の脇から頂上までは、歩いて登って一時間ほどの道程だった。

この断崖からは、スピティにある村のうち、十八もの村々を、ぐるりと見渡すことができる。はるか彼方の谷底に点在する村々の姿は、大気が乾燥して澄み切っているからか、家々の屋根や通信塔など、細かな部分までくっきりと見える。周囲の山々や丘陵に、樹木はほとんどない。地表にへばりつくように生えている草の緑に、ほんのうっすらと覆われているだけだ。

二人、三人と連れだって、デムルの村人たちが、断崖の上まで登ってきた。若者が多い。普段着のような洋服を着た人がほとんどだが、スピティの伝統的な長衣をまとった男性や、長衣の上からマントのように両肩にストールを羽織っている女性もいる。

若者たちはみな、きゃあきゃあとはしゃぎながら、尖った崖の突端にある柱まで歩いて行き、崖の縁と柱の間、ほんの数十センチほどの幅しかない場所を、こわごわとすり抜けるようにして回っていた。旗柱を右回りに回ると、功徳(くどく)を積むことができるのだという。柱巡りを終えた人たちは、仏塔の近くの地面に胡座(あぐら)をかいて坐り、互いにのんびりおしゃべりをしながら、何かが始まるのを待ち構えていた。

両脇を村の若者たちに支えられながら、一人の男が姿を現した。若くはない。髪は汗でぺったりと額に貼りつき、面長で、尖った顎を持ち、鼻の下には髭をたくわえている。小柄で、痩せて骨張っていて、膝を傷めているのか、歩く時に足を軽く引きずっている。この日も途中までは、別の村人が用意した馬に乗せてもらって、山道を登っていたはずだ。たぶん、最後の急斜面で、傷めた膝では馬上で身体を支えきれないとみて、馬を降りて歩くことにしたのだろう。そうまでしてでも、岩峰の頂上にまで来なければならない理由が、彼にはあった。

　デムルではこの日、ナムガンと呼ばれる、年に一度の祭りが催されていた。夏の終わり、村人総出で牧草の刈り取りを終えた日の後に催される祭りで、若者たちによる騎馬競走や、夜には飲めや歌えや踊れやのどんちゃん騒ぎが繰り広げられる。中でも一番重要な行事は、夕刻にパラ・リの頂上で行われる、神降ろしの儀式だった。

　両脇を抱えられて現れた男は、スピティではルイヤと呼ばれる覡（かんなぎ）（シャーマン）だった。デムルでは、彼らが信仰している仏教とは別の古い由来を持つ神、チェタプが篤く敬われている。ルイヤである彼は、ナムガンをはじめとする村の重要な祭事が行われる時に、チェタプを自らの身体に降臨させ、人々に神託を告げる役割を担っていた。

　付き従っていた男たちが、担いできた鞄から、衣装や品物を次々に取り出し、ルイヤに渡しはじめた。ルイヤは、袖のたっぷりした赤い長衣をまとい、その上に、青地に金の縁取りと刺繍の入った肩掛けを羽織った。頭上に戴いた古い冠には、額の中心に、ニタリと笑う銀色の髑髏（どくろ）があしらわれている。

　地面に胡座をかいて坐ったルイヤの前に、銀色の水差しと盃、酒瓶が並べられた。ルイヤは頭を屈め、低い声で、唸るようにして祈り続け……突然、水差しを掴んで立ち上がると、注ぎ口にじかに口をつけ、中の液体を飲みはじめた。そして再びうつむいて、低い声でしばらく祈っては、また水差しに口をつけ……そうした所作を幾度かくりかえすうちに、ルイヤの挙動と声色が、明らかに変わってきた。

付き従っていた男の一人が、身体を震わせながら祈るルイヤの首に、カタと呼ばれる儀礼用の白絹のスカーフをかけた。ルイヤはよろよろと何歩か歩き出すと、懐から、長さ十五センチほどの鋭い鉄串を取り出した。それを何のためらいもなく、ぐさっ、と自らの右頬に突き刺す。頬を貫いた鉄串の先端は、中を通って、口から外にはみ出している。

ルイヤは今、チェタプとなった。

彼は左手に銀色の水差しを持ったまま、首を軽く右に傾げ、何かを受け取ろうとするかのように、右手を震わせながら宙に差し出している。低く、一本調子に訥々(とつとつ)と呟かれる彼の言葉に、はい、はい、とうなずきながら、真剣に耳を傾ける村人たち。その周囲でカメラを構えて写真を撮っていると、頭上の雲の隙間からこぼれてきた光が、まるで天からの啓示のように、ルイヤの横顔を照らしているのに気づいた。

僕はスピティ語がほとんど話せない上、彼がその時に話していたのは普通のスピティ語よりもさらに古い言葉だったらしいこともあって、チェタプからの神託の内容を、その場で理解することはできなかった。あとになって、デムル出身の友人、タンジン・トゥンドゥプに聞いてみたところ、「今年の畑の収穫はあまりよくなかったが、来年は、もっと豊かな実りを得られるだろう。そのためには、村の者たちが力を合わせて、助け合うことが大切だ。些細な事柄でいがみあったりしてはいけない……」という意味のことを、チェタプは懇々と諭していたのだという。

ルイヤを介したチェタプからの神託は、十五分か、二十分くらい続いただろうか。十分に語り終えた、というそぶりを見せた彼は、よろよろと歩き出しながら、右頬に刺さっていた鉄串を、ぐい、と抜き取った。地面にへたり込み、「ああああっ！」と叫びながら全身を震わせ、トランス状態から解き放たれる。付き添いの男たちが、彼の肩掛けを外し、赤い長衣を脱がせる手伝いを始めた。正気に戻ったルイヤは、血が流れる右頬の傷口に白い布をあてがいながら、まるで何もなかったかのように、元の声色で平然と付き添いの男たちに話しかけはじめた。周囲からも、今やまったく普通の人のように扱われている。その落差に、思わず笑ってしまう。

パラ・リの頂上に集まって、チェタプからの神託を固唾（かたず）を飲んで聞いていた村人たちは、よかったな、無事に終わった、と口々に喜び合いながら、ルイヤと付き添いの男たちをねぎらい、仏塔や旗柱に向けて手を合わせ、あらためて感謝の祈りを捧げていた。

刺繡入りの長衣にストールを羽織った数人の女性たちが、一列に並んで、靴を脱ぎ、五体投地礼（ごたいとうちれい）で祈りを捧げはじめた。ひざまずき、伏し、立ち上がり、手を合わせて祈る。夕刻の光の中でくりかえされるその所作の敬虔さ、美しさに、僕は半ば茫然となりながら、カメラのシャッターを切り続けた。

やがて村人たちは、登ってきた時と同じように、二人、三人と連れだって、パラ・リから下り、麓の車道へと続く細い道を歩きはじめた。彼らの少し後から、僕もついていく。日が暮れてすっかり暗くなる前に、村まで戻れるだろうか。

誰からともなく、しぜんとみな、歌いはじめていた。

笛を持っていた楽師が、待ってましたとばかりに、高らかな音色で伴奏を始めた。童歌(わらべうた)のように素朴で、伸びやかで、透き通るようなしらべが、ふわりと宙に広がり、漂い流れていく。

一度聴いたら、忘れられない歌。

これはいったい、何についての歌なのだろう……。

ふいに、誰かに、呼ばれたような気がした。ふりかえると、鉈のように切り立ったパラ・リの突端が、夕陽の残照に赤く染まっているのが見えた。

ACGL
TATA

CHANDAR
CHANDAR
TAAL
DHABA

Admission Open
Ambuja
KAVACH
Ambuja
COOL WALLS
Since 1993
HIMACHAL

Sanju Café
PURE VEG
78075-90621, 94597-33601

雪のない冬

急斜面に造られた、つづら折りの坂道を、バスは、車体を軋らせながら上っていた。

僕が坐っているのは、運転席のすぐ後ろの窓側の席だった。寒い。どこからか、隙間風が絶え間なく吹き込んでくる。特に足がつらい。厚手のソックスとタイツ、ロングパンツを穿き、靴は膝下まであるスノーブーツだというのに。足の間にカメラザックを置いているので、両足をほとんど動かせないのもつらかった。化繊綿(かせんわた)の中綿入りジャケットを脱いで、それで足を覆い、何とか隙間風をしのげないかと工夫してみる。

車内はほぼ満席。ざっと見回したところ、顔立ちと服装を見るかぎり、ほとんどがスピティ人のようだ。僕が坐っている三人掛けのシートの左隣は、二十代半ばくらいの若い女性と、その母親らしき人。二人はあらかじめ用意していたらしい毛布で、自分たちの足元を覆っている。娘さんは風邪をひいているのか、ずっとしんどそうに身体を折り曲げ、毛布に突っ伏して、時折咳き込んでいる。現地の人でも風邪をひくほど、この土地の寒さはこたえるのか、と思う。

キナウル地方の中心地レコン・ピオを早朝に出発した州営バスは、サトレジ川沿いの道から高度を上げ、スピティとの中間地点にある村、ナコのあたりにさしかかっていた。

対向車も、追い抜いていく車も、ほとんどない。荒れた路面のところどころに、上から崩れ落ちてきたばかりのように見える直径数十センチほどの岩が、ごろりと転がっている。運転手は飄々（ひょうひょう）としたハンドルさばきで、そうした岩を巧みにかわしていく。週に何度もこの道を往復している彼にとっては、ごく当たり前の光景なのだろう。

腕時計の高度計測ボタンを押してみる。標高、三千二百メートル。スピティに入れば、低い場所でもこのくらいの標高で、高いところにある村は、標高四千二百メートルにも達する。それほどの高地で、しかも今は一月の下旬だというのに、道路の左右にも、薄曇りの空の下に連なる周囲の山々にも、雪はまったく見えない。冬の時期のこの土地では、ちょっと信じがたい光景だった。


スピティのデムル郊外の岩峰、パラ・リの頂上で、ナムガンの神降ろしの儀式を目にしてから、一年半の歳月が過ぎていた。

スピティは、インド北部のヒマーチャル・プラデーシュ州の北東部に位置していて、その東端の一部は、中国との未確定の国境に接している。標高の高さゆえに気候は厳しく、樹木が育つのは川沿いの一部分に限られる。「狭間（はざま）の地」という意味の名を持つこの土地では、東のチベットと西のラダックとの間で、チベット仏教を信仰するスピティ人が、千年もの昔から、農耕と牧畜を中心としたささやかな暮らしを営んできた。

　僕はそれまで、夏の時期を中心に、スピティを六、七回ほど訪れていた。個人での取材が目的のこともあれば、テレビ番組の撮影のコーディネートの仕事で来たこともあったのだが、そうした経験のおかげで、現地には何人か知り合いができていた。

　そのうちの一人、スピティの中心地カザの街で旅行会社を営むララ・ツェリンから、会うたびに幾度となく言われていたことがあった。

「タカ！　どうしてお前は、冬のスピティに来ないんだ？　次は冬に来い！」

　また始まった……と思いつつ、僕は毎回、同じ答えを返す。

「だって、冬に日本からここまで来るの、めちゃくちゃ大変なんだよ……。冬のスピティに、何があるのさ？」

「雪豹(ゆきひょう)だよ！　お前、写真家なんだろ？　雪豹の写真を、撮りたいとは思わないのか？」

「そりゃ、撮れるものなら撮りたいけど……絶滅の危機に瀕してる動物でしょ？　そんな簡単に撮れるわけがないよ」

　するとララは、お前は何もわかっちゃいない、とでも言いたげに、フフンと鼻を鳴らして笑うのだ。

「撮れるさ、スピティでなら。百パーセント、必ず撮れる」

　以前は、話がこのあたりまで来ると、ララはどうせまた話を大げさに盛ってるんだろ、と思って、「はいはいわかった、そのうちね」と、適当に終わらせるようにしていた。

全世界に、多くても七、八千頭ほどしかおらず、険しい山岳地帯に生息しているために目撃することすら困難で、「幻の動物」とも呼ばれている野生の肉食獣、雪豹。そんな希少な動物を、それなりのクオリティの写真が撮れる距離にまで近づいて撮影するなど、とてもできるとは思えなかった。以前、動画で目にした海外の著名なドキュメンタリー番組でも、雪豹の撮影は、獣道に設置したセンサー付きの小型無人カメラに頼っていたのだから。

でも、あの年の夏、デムルでナムガンの祭りを取材した後、カザにある旅行会社のオフィスで、ララからまた冬のスピティと雪豹の話を持ちかけられた時、僕はふと、話の続きを聞いてみる気になったのだった。

「……百パーセントって言うけどさ、何をどうしたら、百パーセント撮れるの？」

ついに話に乗ってきたか、と、ララは旅行会社のインド人スタッフのムケーシュと顔を見合わせ、にんまりと笑った。

「雪豹を撮るなら、キッバルだ」とララが言う。キッバルとは、カザの北、標高四千二百メートルの高地にある村のことだ。その周辺は、野生動物保護区に指定されている。

「ふうん、そこで？」

「キッバルの周りには、雪豹が現れやすいスポットが、いくつかあるんですよ」ムケーシュが話を引き継いだ。「毎朝、僕たちの会社と契約しているスタッフが、雪豹がどのあたりにいるのかを調べて、見つかったら、全員でそのスポットに向かいます」

「毎日、どのくらいの時間、屋外で撮影することになるの？」

「日が沈むまでだから、七、八時間くらいかな……」

「どのくらいの日数、冬のキッバルにいれば、確実に雪豹を撮れそう？」

「そうだなあ、三、四週間くらいなら……」

想像以上に苛酷な条件に、僕は、苦笑いするしかなかった。冬はマイナス二十度以下にもなる標高四千メートルの高地で、いるかどうかもわからない雪豹を待ち続けて、四週間。それだけ粘りに粘っても、写真に撮れる雪豹ははるか彼方で、米粒ほどの大きさにしか写せないかもしれないのだ。

そもそも、冬のスピティに来ること自体、けっして簡単ではなかった。スピティの西にあるマナリという街からの幹線道路は、途中にあるクンザム・ラという峠が雪で塞がってしまうため、冬の間は通れなくなってしまう。唯一通行可能なのは、ヒマーチャル・プラデーシュ州の州都シムラーとキナウル地方のレコン・ピオを経由し、東からぐるっと回ってスピティに入るルートだが、それぞれの街の間の移動は、バスでたっぷり十時間ずつかかる。途中、国境のすぐ近くを通過するので、事前に許可証を取得しておかなければならない。その上、冬に大雪が降ると、このルートは雪崩と土砂崩れで寸断され、一週間から十日は通行不能になってしまう。

常識的に考えれば、野生の雪豹を撮るために日本から冬のスピティを訪れるのは、時間も手間もリスクも、それらの苦労が報われる成果が得られる可能性も……何もかもが、割に合わなさすぎる計画だった。でも、その時の僕は、ララとムケーシュに、こう答えたのだ。

「わかった。冬に来れないか、ちょっと、考えてみるよ。ムケーシュ、もし何か資料を持ってたら、あとで僕にメールで送ってくれないかな」

そう口にして、ようやく気づいた。そうか。僕は雪豹のことが、ずっと気になっていたのか。

一年半前の夏、パラ・リの山頂で、ナムガンの儀式を見届けた時。村人たちとともに麓の車道まで歩いて降りてきた僕は、そこに何台か停めてあった村人所有の車のうちの一台に乗せてもらって、デムルの村に戻ることになった。その車には、ほかに七、八人ほど乗り込んできて、車が走り出せるかどうか心配になるほどだった。

薄闇の中、ライトをつけた車は、たわんだサスペンションを軋らせながら、荒れた路面の車道を村へと走っていった。その途中、運転手はふとアクセルをゆるめ、カーブの手前で車を停めた。

「あれか、今朝、殺られたのは……」「シェン(雪豹)にか……?」

そんな感じの会話が車内でひそひそと交わされた後、運転手ともう一人の男が外に出て、ライトに照らされた前方の地面に転がっている何かに、近づいていった。運転手が、ぐい、と片手で持ち上げたそれは、喉から腹にかけての部分がざっくり切り裂かれて血に染まった、灰色の羊の死骸だった。

僕はそれまで、雪豹そのものを直接目にしたことはなかったが、その存在を感じさせる痕跡に接したことは、何度かあった。最初に遭遇したのは、スピティの北に位置するザンスカール地方で、冬に凍結した川の上を歩いて旅していた時に見た、雪の上の足跡と飛び散った血の痕だったと思う。そこで雪豹が獲物を捕らえようと格闘したのだ、とガイドの友人が教えてくれた。雪豹は太くて長い尻尾を持っていて、雪の上の足跡にはそれらをなぞるように尻尾の跡もつくので、雪豹だとすぐにわかる、とも。雪の上の足跡と尻尾の跡は、その後も何度となく目にすることになった。

ラダック地方のマルカ谷で夏にトレッキングをしていて、別のガイドの男性の自宅に泊めてもらった時には、彼の飼っている驢馬（ろば）のうち一頭が、尻の部分をざっくり抉（えぐ）られたような怪我をしているのを見た。夜の間に雪豹に襲われて、尻に噛みつかれたものの、何とか逃げおおせたのだという。別のラダック人の友人に聞いた話では、彼の祖父が、夜に離れの納屋に用事があって入ったところ、なぜか雪豹が中にいて、雪豹もびっくり、じいさんもびっくりで、お互い一目散に逃げ出した、とも聞いた。

そんな経験が少しずつ降り積もって、夏のデムルで雪豹に殺された羊の死骸を見た時、僕の中に積み重なってきた雪豹に対する興味が、何かの閾値（いきち）を超えたような気がした。姿は見えなくとも、彼らは確かに、このヒマラヤの西はずれの土地のどこかで、生きているのだ。

もし、会えるものなら、彼らに会いたい。

ララとムケーシュと話をした後、僕は、冬のスピティに来ることを本気で考えるようになった。もし、野生の雪豹の写真を撮れるなら、それに越したことはない。でもそれは、冬のスピティを訪れる唯一最大の目標ではない、という気もしていた。雪豹の写真を撮るだけなら、日本で雪豹を飼育している動物園に行けば、ガラスやフェンス越しではあるが、至近距離でいくらでも撮れる。相手が野生の雪豹であれば、写真にもいくぶんプレミア的な価値が上乗せされるのかもしれないが、僕自身は、そういう写真を撮って自分の作品として発表することに、さほど興味は持っていなかった。

たぶん、僕は……自分自身の目で見て、知りたかったのだ、と思う。この途方もなく苛烈な高地で、野生の雪豹たちは、どんな風にして暮らしているのか。スピティの人々と、どんな関わりを持っているのか。それを知ること自体に意味があるのかどうかは、わからない。でも、雪豹に殺されたあの羊の姿を見て以来、自分は冬のスピティに来なければならない、という予感のような思いは、日に日に強まっていったのだった。

ナコでの小休憩の後、スムドという村にあるチェックポストを通過し、バスはスピティに入った。スピティ川沿いに続く道路の路面は、ところどころ未舗装で、タイヤが窪みにはまるたび、バスの車体はガタンと跳ねる。

峡谷の左右に連なる山々は、褐色の荒々しい岩肌を剥き出しにしている。このあたりにも、雪はまったく積もっていない。わずかな樹木と下生えの草が枯れ色なのと、村の水路や小川の水が完全に白く凍りついているのを除けば、夏の風景とそれほど変わらない。大気は、深く吸い込むのが少し恐ろしくなるほど、冷え切っているけれど。

地球温暖化に伴う降雪量の減少は、インド北部のラダック、ザンスカール、スピティの各地でも、深刻な課題になりつつあった。樹木が少なく、夏の降水量もわずかなこの地域で暮らす人々は、農耕や牧畜、日々の生活に必要な水の大半を、雪解け水に頼っている。平均気温の上昇と降雪量の減少によって、山々にある氷河が縮小すると、雪解け水の量も少なくなる。すでにザンスカールでは、昔からの水源が枯渇して、人が住めなくなった村も現れはじめている。

もちろん、自然環境や野生動物への影響も深刻だ。雪解け水が減れば、一帯に生育する草も減る。アイベックスやブルーシープ（バーラル）など、草を食べる動物も減る。草食動物を食べる雪豹や狼(おおかみ)などの肉食動物も減る……。この地域すべてが、人も動物も暮らすことのできない、不毛の土地になってしまうかもしれない。

かといって、地域レベルでは、冬の降雪量の減少を食い止めるのに、これといって有効な対策が見当たらないのも、人々にとっては悩みの種だった。雪が降ったら降ったで、雪崩による道路の寸断や、送電設備の破損による停電など、いろいろ苦労はあるのだが、水源の枯渇は、それらよりもはるかに深刻な課題だった。

夕刻、バスはスピティの中心地、カザの街に到着した。簡素な造りの大きな車庫が一つあるだけのバスターミナルに降り立ち、トランクスペースの中で埃まみれになっていたダッフルバッグを、運転手から受け取る。

バスの到着時刻に迎えに来ると僕にメッセージをくれていたララ・ツェリンの姿は、どこにも見えない。この街で泊まる宿は、彼が手配してくれているはずなのだが、どこの宿なのか、まだ名前すら教えてもらっていない。観光客が極端に少なくなる冬の間、カザの街にある宿の大半は休業している。困った。とりあえずもう一度、ララに連絡してみるか……と思いながら、周囲をきょろきょろ見回していると、毛糸の帽子と黒の中綿入りジャケットを着た、小柄でがっしりした体格の男が近づいてきた。満面の笑みを浮かべながら「ララ・ジー（ララさん）」と言って、スマートフォンを差し出す。画面を見ると、スピーカー・モードになっている。

「……タカ！　着いたか？」ララの声だ。「その男の車に乗れ！」

「この人は誰？」

「お前が今日から泊まる宿のオーナーだ。トゥンドゥプという」

「わかった。そっちは今、どこにいるの？」

「キッバルから、カザに向かってる。もうすぐ着く。宿で待っててくれ」

今の時代ならではのやりとりだな……と思いつつ、僕はトゥンドゥプが運転するピックアップトラックに荷物を積み、助手席に乗り込んだ。車が向かった先は、カザの街の北西のはずれにある、看板も何もない建物だった。二階部分はまだ建設中で、一階の部分にだけ、人が住んでいるようだ。

中に入ると、手前に三部屋ある客室のうちの一つに案内された。大きなベッドと戸棚と、椅子が二脚。奥にはトイレとシャワーが備わっているタイル張りの部屋もあったが、冬の間は寒すぎて屋内の水道管が凍ってしまうので、シャワーは使えないよ、と言われた。トイレも、用を足した後に、大きなポリバケツに溜めてある水を汲んで、便器の中に流し入れるのだという。

そのポリバケツの水は、水面の半分以上が氷で覆われていた。

まずはお茶でも、と次に案内されたのは、一階の奥にある部屋で、手前がこの家の人たちの居間、奥が台所になっていた。明るい色の木の板を壁に嵌め込んだ部屋の中央には、天井と屋根を貫く煙突を持つ鉄製の大きなストーブが据えられていて、別世界のように暖かかった。スピティだけでなく、ラダックやザンスカールでも普及しているこの鉄製ストーブは、薪のほか、カラカラに乾燥させた家畜の糞もくべて利用する。上にやかんや鍋を載せると、湯沸かしや調理にも活用できる。この土地の冬に、なくてはならないものだ。

居間にはトゥンドゥプの子供らしき女の子が二人と男の子が一人いて、細長いマットレスの上に敷いた厚手の絨毯に寝そべりながら、壁にかけられた液晶テレビに映し出される日本のアニメに見入っていた。『ドラえもん』の映画だ。台詞はヒンディー語に吹き替えられている。衛星放送の番組なのだろう。

トゥンドゥプと彼の奥さん、そして彼らが使用人として雇っているらしいインド人の少年たちは、チャイ(スパイス入りミルクティー)とビスケット、そして羊肉とツァンパ(大麦を炒って粉にしたもの)で作ったスープを、手早く用意してくれた。レコン・ピオからの長距離バスに乗っている間はほとんど何も口にしていなかったので、異様に旨く感じる。ありがたくそれらをいただいていると、「よお、タカ」と言いながら、ララが居間に入ってきた。

暗灰色の中綿入りアウトドアウェアの上下に身を包み、内側が起毛素材になっている耳当て付きの帽子をかぶったララは、一年半前の夏に会った時より、何だかさらに丸っこくなったように見えた。ゆで卵のようにぱつぱつの顔の中で、細い目と口元が笑っている。

「……どうだった？　ここまでの道は」

「遠かったよ。バスの中は、めちゃめちゃ寒いし……。でも、今年はまだ、雪が全然ないんだね。びっくりした」

「そうなんだ」ララの表情が少し曇った。「去年の今頃は、もうたくさん雪が積もってたんだが、今年はまだ、さっぱりだ。一月に予約が入っていた雪豹撮影ツアーも、何組もキャンセルされた」

「雪がないと、雪豹を見れないの？」

「雪が降らないと、雪豹は村の近くにまで、なかなか降りてこない。それに雪がないと、雪豹の足跡を見つけられないから、居場所を特定できない。キッバルの周辺にいるはずの雪豹たちも、今はどこにいるのかわからないんだ」

「なるほど、そういう状況か……」

チャイを一口すすってから、僕は言葉を続けた。

「今日と明日、ここに泊まらせてもらって、あさってから四、五日、ラルンの村に行ってもいいかな？」

「ラルン？　何をするんだ？　あの村で」

「あの村が、冬はどんな佇まいになるのか、見ておきたいんだ。それに、ラルンには、タンジンがいる。彼は今、あの村の小学校で先生をしてるんだよ。その学校も見ておきたくて」

「今の時期、カザからラルンまでのバスは、運休してるぞ」

「ムケーシュからも、そう聞いてる。悪いけど、車を一台、手配してくれないかな」

「わかった。俺はこれから、キッバルに戻る。車の件は、明日また連絡する」

「ありがとう。しかし……どうなるんだろうね、今年の冬は」

「さあな。すべては、雪次第だ……。ハロー？」

そう言ってララは、着信音が鳴りはじめたスマートフォンを取り出して耳に当て、彼の会社のスタッフらしき誰かに向かって、何かの指示を飛ばしはじめた。僕はもう一口、チャイをすすって、ふう、と息をついた。


連日の長距離移動の疲れもあって、その日の夜は、ぐっすりよく眠れた。起床時間を気にせずに眠れるのは、素晴らしい。高山病の頭痛の兆候も、まったくない。僕はすっかり元気を取り戻した。

昼頃、散歩に出かけた。カザの街は、中央を横切る涸れ沢を境界に、南のオールド・カザと、北のニュー・カザに分かれている。僕が泊まっている宿は、ニュー・カザの北西の端にある。そこからオールド・カザにあるバザールやバスターミナルまでは、ゆっくり歩いても十五分か二十分程度の距離しかない。人口は三、四千人ほどの、小さな街だ。

空は雲一つなく、藍色に見えるほど澄みわたっていた。葉をすっかり落としたポプラの並木に沿って歩いていく。緑色の低い天幕の下にスケートリンクがしつらえられた広場があり、子供たちがはしゃぎながら滑っている。みんな、上手だ。自分がスケート靴を履いたのは何年前だろう、と考えてみるが、さっぱり思い出せない。

涸れ沢に架かる橋を渡って、オールド・カザに入る。街の中にも、雪の痕跡はまったくない。共同の水場の周辺が、寒さで凍りついている程度だ。街の周囲にそびえる山々の斜面にも、雪はほとんど見えない。

バザールに連なる商店は、大半が休業していて、開いているのは七、八軒くらいしかなかった。キナウル方面からはるばる運ばれてきた野菜を並べて売っている店も、三軒ほどあった。寒さで凍ってしまうので長持ちしない野菜も多いが、この時期のスピティでは、貴重な食材だ。何人もの地元客が、慎重に野菜を見つめ、時折手に取りながら吟味していた。

ようやく見つけた営業中の食堂で、野菜のトゥクパ（チベット風の汁麺）を注文して食べる。素朴な味の温かいスープが、腹に沁みる。その食堂の近くで営業していた商店で、板チョコをまとめ買いしておくことにした。これから先、屋外で雪豹の撮影に取り組む時には、まともな食事にありつけないことも多くなりそうなので、チョコレートのような携行食があると安心できる。

その後もしばらく街をぶらついたが、ほとんどの店が閉まっているし、寒いので、さすがに時間のつぶしようがなくなってしまった。僕は来た道を宿まで歩いて戻り、部屋のベッドで自分の寝袋にくるまって、ノートに日記を書いたり、イヤフォンで音楽を聴いたりして、夕方まで過ごした。

日が暮れると、大気がさらに、ぎゅっと冷え込んでくる。宿の居間に移動して、チャイをいただきながら、ストーブのそばで暖まらせてもらう。そういえば、ララに頼んでおいた、明日ラルンに行くのに必要な車のこと、まだ何も連絡が来てないな……と思っていたら、トゥンドゥプのスマートフォンが鳴った。彼は画面をちらりと見て、またスピーカー・モードに切り替え、「ララ・ジー」と言いながら、僕に差し出した。

「……タカ！　明日の朝、八時に迎えに行く。デムルに行くぞ！」

「デムル？　いや、僕が行きたいのはラルン……」

「雪豹が現れた」僕の言葉を遮（さえぎ）って、ララは言った。「デムルで、放牧されていた村の羊を、殺したんだ。雪豹はまだ、その死骸の近くにいる」

母と子

眩い朝の光が、フロントガラスから、まっすぐに射し込んでくる。視界が真っ白に霞んで、行く手に何があるのかもろくに見通せない。でも、ララ・ツェリンは、構わずアクセルをぐいぐい踏み込んで、車を走らせていく。

「……この車は？」

「中古の小さいのを買った！　スピティじゃ、これで十分だ！　フゥー！」

そんなにハイテンションで運転する必要もないのに、なぜ……。ヒヤヒヤしながら、助手席に坐ったまま目を凝らして、前方の様子を見定めようとしてみる。

「気をつけて運転してくれよ……」

「オーケー、任せろ！　タカ、思い出すなあ！　日本のテレビの連中と仕事した時のこと！」

「ああ、あの時ね……」

「最終日の朝、川の浅瀬で車が動けなくなって、ほかの車とロープでつないで、引っ張り上げてさ……ハハハッ!」

「あの時のララ、パンツ一枚で、立ち往生した車のボンネットの上に乗ってたよね……」

ララとは、十年以上前、僕が最初にスピティを訪れた時からの付き合いになる。バスでカザに着いた後、右も左もわからないまま、宿を探してオールド・カザのバザールをうろうろしていた時、たまたま入ってみた宿のロビーで、僕に声をかけてきたのが、ララだった。彼の旅行会社のオフィスは当時から、その宿の建物の最上階にあったのだ。

それ以来、スピティに来た時はいつもララに連絡して、ホームステイやトレッキングの手配、車のチャーターなど、旅に必要なもろもろを相談していた。日本のあるテレビ局が、番組の撮影をスピティで行った時のコーディネートを彼と一緒に担当したのも、そうした縁からだった。

十数キロほど進んだところで、車は、街道とデムルへ上る道とが分岐する地点にある村、リダンに到着した。ララの目論見では、この村にいる彼の知り合いが所有しているオフロード車を用意してもらって、ここから標高が七百メートルほど高い場所にあるデムルまで、乗せていってもらうはずだった。

ところが、そのオフロード車のバッテリーが完全に上がってしまっていて、エンジンがかからないことが判明。多少の不安はあるが、たぶん大丈夫だろうということで、ララの小型車で、そのままデムルまで行くことになった。オフロード車の持ち主だったドルジェという小柄で快活な若者が、ララの代わりに運転してくれることになったので、内心、かなりほっとした。

南西に面した急斜面を上るジグザグの道を、中古の小型車は、息も絶えだえといった感じで走っていく。窓の外には、スピティ谷の眺望が広がる。幾筋もの細い水流が、もつれた糸のように絡み合いながら流れていて、岸辺はところどころ、白く凍りついている。

「……あっ！　ブルーシープ！」

七、八頭のブルーシープ（バーラル）の群れが、突然、車の前方に現れた。仄（ほの）かに青みがかった褐色の毛並みを持つ、すらりとした美しい動物だ。雄は、雌よりも少し大ぶりな角を戴いている。

写真を撮りたいから車を停めてほしい……と僕が口にする前に、ララは「ドルジェ、停まるな！　行け！　行け！」と叫んだ。

「タカ、今は雪豹が最優先だ！　ブルーシープは、あとでいくらでも撮れる！」

「わかった、わかったよ……」

やがて、車はジグザグ道を上り切って、稜線に出た。デムルの村の全景が見える。東に面したすり鉢状の斜面に、三、四十軒ほどの民家が密集している。夏は、その周囲にみずみずしい緑の畑や牧草地が広がっているのだが、冬の今は、すべてが褐色に見えた。車は集落には向かわず、北西のはずれ、車道の終点のあたりまで進んでから、坂の途中で停車した。ほかにも七、八台ほどの車が、未舗装の道路沿いに停まっている。

「ここから先は、歩いていくぞ！」

ララに言われるがまま、車を降り、撮影機材を詰めたカメラザックを背負って、急な坂道を歩き出す。しばらくすると、肺がつぶれてしまうのではないかと思うほど、急に息苦しくなった。足が、ぱたりと動かなくなる。呼吸をしても、しても、全然追いつかない。無理もない。ここは標高四千二百メートル。スピティに着いてまだ三日目の身体では、この高度に順応できていなくて当然だった。

二、三十歩歩くたびに立ち止まって、必死に呼吸を整えながら、村はずれにぽつんと建つ一軒家の裏手の斜面を、さらに登っていく。周囲に波打つように連なる丘陵は、夏はうっすらと青草に覆われていたはずだが、今は、わずかな量の枯れ草がひょろひょろと残っているだけだ。この一帯にもやはり、雪はひとかけらも積もっていない。

「……あそこだ！　もうすぐですよ！」先を歩いていたドルジェが、僕をふりかえりながら言った。

ごつごつした岩に覆われた丘の上に、防寒着に身を固めた、二十人ほどの人々が集まっていた。半数は雪豹を撮りに来た人々で、残りは、この土地でスキャナーと呼ばれるネイチャーガイドたちと、撮影者たちの荷物を運ぶポーターたちだった。あちこちに三脚が立てられていて、それらの上には、大砲のような望遠レンズをつけたカメラが据えられていた。撮影者たちはみな、ここに雪豹が現れたという情報を聞きつけて、前の日にキッバルからデムルにやってきたグループだという。

カメラザックを地面に下ろし、まだ荒い呼吸を整えながら、「……雪豹は？」とドルジェに訊く。

「あの斜面の真ん中あたりにある、白っぽい岩が見えますか？」

そう言いながらドルジェは、今いる丘からたっぷり五、六百メートルは離れていそうな、北の斜面の中腹を指さした。

「あの白い岩の陰に、雪豹の母親がいるそうです。羊の死骸は、そこから少し下の地面に転がっています。あの、灰色の塊のようなやつ」

「ちょっと待って、母親って……じゃあ、子供もいるの？」

「そうらしいです。子供は今、あの右側の丘のてっぺんにある、岩の背後にいるとか」

ほかの撮影者たちの邪魔にならなさそうな、少し高めの場所を選び、三脚を立て、望遠レンズを装着したカメラを据える。ファインダーを覗きながら、ドルジェが教えてくれた、灰色の毛の塊のように見える羊の死骸にフォーカスを合わせてみる。……遠い。望遠端が六百ミリのレンズでも、小さな染みのようにしか見えない。そこから少し上の白い岩にレンズを向けてみるが、雪豹の姿は見当たらない。

……と、何かの黒い影が、ファインダーの視界をさっと横切った。かなり大きな鳥……禿鷲の影だ。羊の死骸の臭いを嗅ぎつけたのか、上空をゆらりと旋回している。

「……シェン（雪豹）だ！」「出てきたぞ！」

周囲の人々が、急に色めき立った。白い岩の陰から、雪豹の母親が姿を現したのだ。

あまりにも遠いので、どのくらいの大きさなのか、すぐにはわからなかったが、頭から尻尾の先まで、二メートルくらいはあるように見える。その身体は、斑紋のある灰色の毛で覆われていて、特に脇から腹にかけての毛は、ふさふさと長い。四肢は太く、尻尾も足と同じくらいの太さに見えた。

「あれが、雪豹か……」

雪豹は上空を見上げながら、低く身構えたまま、斜面を右に登っていく。羊の死骸を狙っている禿鷲を、威嚇しているようだ。それに気圧されてか、禿鷲は高度を上げ、やがてどこかへと飛び去っていった。

カシャシャシャシャシャ、と周囲でシャッターの連写音が鳴り響く中、はるか彼方にいる雪豹は、禿鷲の行方を見届けてから、悠々と身を翻し、白い岩の陰へと戻っていった。

「……あっ！」ドルジェが叫んだ。「今度は、子供が！」

あわてて雲台を操作し、カメラを右の丘の頂上に向ける。いくつかの石が積み上がったような形をしている岩場の上に、雪豹の子供が、ひょこっと姿を現していた。母親が禿鷲を威嚇していた時の気配を感じて、岩の背後から出てきたのだろうか。

こちらもあまりに遠すぎて、大きさがよくつかめなかったが、母親よりは明らかに小柄で、胴体も手足も尻尾も、まだ短いようだ。その分、毛並みがさらにふわふわ、もこもことしているように見える。

初めて目にした野生の雪豹たちの姿に、僕は、心臓の鼓動が速まっているのが自分でもわかるほど、興奮していた。ただ、それと同時に、彼らとの間を隔てている距離のあまりの遠さに、落胆してもいた。望遠レンズを介しても、雪豹は豆粒のようにしか見えない。普段から眼鏡をかけている自分自身の肉眼だけでは、地表の岩との見分けすらつかない。

「……タカ、どうだ？」背後から、ララの声がした。「撮れたか？　雪豹」

「ああ、撮るには撮れたけど……ここからじゃ、さすがに遠すぎるよ……」

もちろん、不用意に雪豹たちに近づきすぎて、彼らを脅かしてしまうのは、もってのほかだ。

ただ、それでもさすがに、今いる丘の上よりは、左前方にある別の丘の背後に移動した方が、もう少しましなポジションを取れそうに思える。

「ララ、あの左にある丘の後ろまで、移動することはできないのかな？」

「あそこへか？　今は、難しいなあ……。ここにいるグループの連中が、きっと文句を言ってくるだろうから」

「……いない時なら、行ってもいいの？」

「そうだな……夜が明ける前とか、誰もいない時だったら……」

それからしばらくの間、雪豹の母親も子供も、姿を見せない時間帯が続いた。途中、羊の死骸よりも少し手前に、ふらり、と一頭の狐が現れた。斜面を左から右に、何度か立ち止まりながら、とぼとぼと歩いていく。あの狐も、羊の死骸の臭いを嗅ぎつけたのだろう。ただ同時に、白い岩の陰にいる雪豹の母親の気配も、敏感に感じ取っていたようだ。狐は結局、羊の死骸に一度も近づくことなく、一定の距離を保ったまま、やがて離れていった。

弱い日射しはあったが、風は強く、ひっきりなしに砂埃を僕たちに浴びせかけていた。寒かった。じっとしていると耐えられないので、上着のフードを帽子の上にかぶり、小刻みに足踏みをしながら、身体を縮こまらせているしかなかった。

昼の十二時を過ぎた頃、デムルの村から、五、六人の女性たちが、大きな鍋を丘の上まで運んできた。鍋の中身は、プラオ(スパイス入り炊き込みごはん)だった。彼女たちはふんふんと鼻歌を歌いながら、ステンレスの皿にプラオをよそっては、丘に集まった人々にふるまっていく。あの鼻歌、どこかで聴いたことがあるなあ……と考えるうちに、思い出した。一年半前の夏、パラ・リでナムガンの儀式を見届けた後の帰り道で、村の女性たちが歌っていた、あの歌だ。村人たちにとっては、日々の生活の中で、当たり前のように根づいている歌なのかもしれない。

村からは、数人の男たちもやってきた。環境保全のためという名目で、撮影者たちから、カメラの持ち込み料を徴収するという。一人につき、千ルピー(その時のレートで、日本円に換算すると約千八百円)。カメラ持ち込み料を支払うこと自体には、僕は何の抵抗も感じなかった。デムルの村人たちにしてみれば、村で飼っている大切な羊のうち一頭を、雪豹に屠(ほふ)られてしまったのだ。雪豹の撮影をしに集まってきた連中から、取れるものはしっかり取って、羊を殺された分の損失を穴埋めしなければ……という目論見もあるのだと思う。

そんなデムルの村人たちにとっても、雪豹は、そこまで見慣れた存在ではないようだ。みな、スキャナーたちが持っている双眼鏡を借りて覗き込んでは、「どこにいるの？　……ああ、あそこの岩の陰に！　頭が、ちらっと！」とはしゃいで盛り上がっている。

午後遅く、もうすぐ日も暮れようかという時刻になって、雪豹の母親と子供が、揃って姿を現した。

　母親と子供は、周囲の様子を窺いながら、そろりそろりと羊の死骸に近づき、やがて、仲良く並んで顔を埋め、肉をぱくつきはじめた。遠いので見えづらいが、口の周りを赤く染めながら、ゆっくり、じっくり、黙々と食べ続けている。獲物を一度仕留めたら、それでめいっぱい腹を満たしておかないと、この苛酷な土地では、次はいつ獲物にありつけるか、わからないからだろう。

　それにしても……雪豹たちの写真を撮るには、この岩の丘は、あまりにも遠すぎた。午後は光の角度もよくない。でも、ほかの撮影者たちのグループがいるかぎり、これ以上は雪豹たちに近づけない。

「……ララ、ちょっと相談がある」

　僕は三脚とカメラから離れ、少し離れた場所にいたララに、小声で話しかけた。

「今日と明日、デムルに泊まることにする。で、明日の朝、またここに撮影をしに戻ってこようと思う。今、デムルに来ているスキャナーのうち、一人を、僕につけてもらえないかな？ ラルンには、あさっての朝、移動しようと思う」

「……わかった」僕の意図を察して、ララは真顔でうなずいた。「腕のいいスキャナーが、一人いる。やつに残るように言っておこう」

　乗ってきた中古の小型車でキッバルに戻るというララたちと別れ、僕は、デムルの村まで歩いて下って、一軒の民家に泊めてもらうことにした。集落のやや上手、北東のはずれにある家で、三十代半ばくらいの男性と、その母親らしき老婆が暮らしていた。

ララの取り計らいで、僕と一緒にデムルに残ってくれることになったのは、プンツォク・タシという名の男性だった。歳は、三十代後半から四十歳くらいに見える。小柄でなで肩の体型で、耳当て付きの防寒帽と、着古してくたくたになった紺色の中綿入りジャケットとパンツに身を包み、これまた使い古して元の色がわからなくなったリュックサックと、超望遠ズームレンズを内蔵したニコンのカメラを一台持っていた。面長で、高い鼻梁と尖った顎を持ち、上の前歯の一つが少し欠けていた。キッバルから谷を挟んで北側にあるチッチムという村の出身で、夏の間は畑仕事で生計を立て、冬になると、雪豹を探し当てるスキャナーとして働いているという。ララ曰く、彼の知っている中でも、飛び抜けて知識と経験が豊富なスキャナーなのだそうだ。

夜、煙突ストーブのある薄暗い居間兼台所で、小さな碗に注がれたバター茶をすすりながら、僕とプンツォクは、明日の撮影計画について相談した。

「……そうだな。確かに、今日の現場より近い位置に行って、撮影することはできると思う。あの左にあった丘の背後までなら、行っても大丈夫だろう」僕の話にうなずきながら、プンツォクは言った。「ほかに誰もいなければ、だが。そのためには……」

「……朝の早い時間帯かな？」

「ああ。夜明け前に村を出発するのがいい。暗いうちに現場に着いて、太陽が昇って、空が少し明るくなってきたタイミングで、雪豹たちを見つけられたら……いい写真が撮れるかもしれない」

「雪豹の親子は、明日もまだ、あの場所にいるだろうか？」

「たぶんな。雪豹の母親が今回仕留めた村の羊は、かなりでっかいやつだった。今日見たかぎりでは、まだ、だいぶ肉が残っている。少なくとも明日いっぱいは、同じ場所にいるんじゃないかと思う」

淡々と話すプンツォクの口ぶりには、長年にわたって雪豹を観察し続けてきた経験に裏打ちされた、確かな自信が窺えた。

「お二人さん、メシにするかい？」

そう言いながら、家の主の男性が、夕食を運んできてくれた。ダール（豆のカレー）とジャガイモのサブジ（スパイス炒め煮）、ロティ（小麦粉を練って薄焼きにしたもの）、白飯。どれも素朴な味だが、温かくて、疲れた身体に力が甦る気がする。

「ジンポ・ラクレ（おいしいです）」とラダック語で言うと、家の主は笑って、「ジンポ、はラダック語か。スピティでは、シンポ、と言うんだよ」と教えてくれた。

「そうなんですね。じゃあ、シンポ・ラクレ」

「ラダック人は、語尾にレという丁寧な意味の接尾語をよく使うよな」プンツォクがぼそっと言う。「スピティ人は、そういう丁寧な言葉をあまり使わない。特に、俺が住んでるチッチムやキッバル、キーのあたりの連中は、女や子供でさえ、みんなぶっきらぼうに言い捨てっぱなしだ。ひどいもんだよ……」

そのプンツォクのぼやきっぷりが、何だかとてもおかしくて、僕たちはみな、声を上げて笑った。


翌朝、僕たちは五時半に起きた。家の主が用意してくれたロティと薄焼き卵を丸めて頬張り、六時過ぎに出発。外はまだ、真っ暗だ。集落から車道の終点近くまで、プンツォクが前の日に話をつけてくれていた村人の車に乗せてもらって移動する。

「ヘッドランプは、つけずに歩いていこう」車を降りたプンツォクが、僕に言った。「雪豹は、こちらのほんのわずかな気配にも勘づく。接近するまでは、なるべく刺激したくない」

プンツォクの後をついて、昨日も歩いた急斜面を登っていく。地表で水がカチカチに凍りついて滑りやすくなっているところにだけ気をつけていれば、暗闇の中でも、歩くのはそれほど難しくはない。少しは高度に順応できたのか、カメラザックを背負っていても、昨日ほどの息苦しさは感じない。

昨日いた岩だらけの丘を越えたあたりで、東の空が、少し白んできた。夜明けが近い。周囲の風景は、少しずつ、その色を取り戻しはじめていた。大気は頬がひりつくほど冷たく、鼻の内側が針で刺されるように痛む。

プンツォクが、僕をふりかえって言った。

「ここに、荷物を置いていこう。カメラだけ、持っていてくれ。三脚は必要か？」

「レンズにスタビライザーがついているから、三脚はなくても大丈夫。雪豹たちは……いるかな？　同じ場所に」

「たぶんな。あの左の丘の手前まで行ってみよう。あそこまで近づけば、雪豹たちがどこにいるか、俺の目で確認できると思う。……いいか？　行くぞ！」

僕たち二人は、身を屈め、息を潜めて、左の方に見える丘を目指して、一気に二百メートルほど、小走りに移動した。丘の稜線の手前で止まり、しゃがんだまま呼吸を整え、そっと、稜線の向こうの斜面を見やる。一片の雲もなく澄みわたった空は、みるみるうちに明るくなってきていた。

「さすがだな。もう、こっちに気づいてる……」プンツォクが呟いた。

「……どこ？」

「……あそこだ！　二頭とも、右の方を、尾根伝いに歩いてる……！　止まった！」

稜線の上、白みはじめた空に、雪豹の母と子の姿が、くっきりと浮かび上がっていた。近い。昨日とは、比べものにならない。心臓の鼓動が、さらに速まる。

荒い呼吸を必死に押し殺しながら、しゃがんだ両膝の上に左右の肘を載せてカメラを安定させ、レンズを斜め上に向ける。落ち着け。設定を確認しろ。……よし。どうか、ちゃんと写っていてくれ……。祈るような気持で、何度もフォーカスを合わせ直しながら、シャッターを切り続ける。

雪豹の母と子は、尾根に並んで坐ったまま、あんなところに人間がいる……といった表情で、悠然と僕たちを見下ろしていた。この距離で見ると、どっしりした体格の母親に比べて、子供は思っていた以上に小さく、まだ幼いのだとわかる。必死にファインダーを覗きながらシャッターを切り続けている間、母と子のまなざしがまっすぐに自分に注がれているのを、僕ははっきりと感じていた。

近い距離での撮影を終え、岩だらけの丘まで引き返してきた僕とプンツォクは、丘の頂上であらためて三脚とカメラをセットし、雪豹たちの観察を続けることにした。空は快晴で、風は弱い。僕たちの背後から射してくる朝の太陽の光は明るく透明で、角度もいいので、遠くからでも、ファインダー越しに雪豹たちのしぐさがよく見えた。

「……あそこを見ろ！　狼だ！」

プンツォクがそう小さく叫んで指さした先に、あわててカメラを向ける。羊の死骸より少し手前に、一頭の狼の姿があった。褐色の毛並みを持つ身体つきは犬に似ているが、両耳はぴんと上に尖り、鼻面は鋭く、尻尾はふさふさとしている。昨日の禿鷲や狐と同様、あの狼もまた、羊の死骸の気配に勘づいて、様子を見に来たのだろう。

「……おお、雪豹も出てきた」

寝ぐらにしている白い岩の陰から、雪豹の母親が、のそり、と歩み出した。羊の死骸のすぐそばまで近づいていた狼は、雪豹に気づいて足を止め、じりじりと後ずさる。雪豹と狼は、羊の死骸を挟んで十メートルほどの距離を置いたまま、しばしの間、じっと睨み合った。

「ツイてるなあ、あんたは」カメラのシャッターを切り続ける僕の横で、プンツォクは少しあきれたように呟いた。「雪豹と狼を同時に見れて、しかも、一枚の写真の中に収められるなんて。こんなチャンス、めったにないよ」

やがて、狼は、羊にありつくのをあきらめたのか、ぷいと向きを変え、左の斜面を越えて歩み去っていった。さすがの狼も、雪豹を相手にした一対一の勝負では、分が悪いと考えたのだろうか。雪豹の母親は、その後もしばらくの間、羊の死骸の傍らに身体を伸ばして坐り、朝の日射しに目を細めながら、勝ち誇ったようにうとうとしていた。

雪豹の母親が、再び白い岩の陰に身を隠した頃、昨日とは別のグループのスキャナーが二人、僕たちのいる丘の上まで登ってきた。彼らのグループの客がここに到着するのは、午後以降になるらしい。それまでは、ここで静かに落ち着いて雪豹の様子を観察できるとわかったので、少しほっとした。

しばらくすると、丘の麓の左側から、二十頭ほどの黒い牛の群れが現れた。デムルで飼われている牛たちだ。男が一人、棒切れを手に、背後から群れを追っている。

「おいおいおい……。あいつ、どこまで牛を追っていく気なんだ？」

「どんどん雪豹のいる方に近づいていってるよ」

「あいつ、自分の牛を雪豹に食わせる気なのか？」

プンツォクと二人のスキャナーが、あきれてそんな冗談を言い合うほど、牛たちの群れはずんずん先に進んでいって、今朝、僕とプンツォクが雪豹への接近を試みた丘のあたりにまで到達した。デムルの村人にとっては、家畜の放牧はこのあたりでやるのが普段からの当たり前の習慣で、今ここに雪豹がいることの方が、例外的な状況なのかもしれない。羊が雪豹に殺された現場が、村から遠く離れたこの場所だったのも、それで納得がいく。

標高がかなり高いものの、村の周囲に家畜の放牧に適した広大な土地があるデムルは、スピティでもとりわけ多くの家畜を飼っていることで知られている。その内訳は、ヤク（毛長牛(けながうし)）、牛、馬、驢馬、山羊(やぎ)、羊などで、家畜たちから得られる恵みは、村人たちの生活を支えている。以前、夏に初めてデムルを訪れた時、泊めてもらった家で朝食に出された、村の牛の乳で作ったヨーグルトの爽やかさと、とろとろになめらかで混じり気のないバターの味に、びっくりしたのを憶えている。

普段の暮らしの中で、家畜のありがたみを身に沁みて感じているはずのデムルの人々が、その大切な家畜を雪豹に殺されることに、そうそう平気でいられるはずはない。撮影者たちからのカメラ持ち込み料の徴収で、金銭的な穴埋めはある程度できるとしても、気持の整理という面では、はたしてどうなのだろう、と思う。

午後になって、十人ほどの撮影者たちが僕たちのいる丘の上に集まりはじめた頃、雪豹の母と子が、白い岩陰から姿を現した。羊の死骸に揃って近づき、顔を埋めて、肉を食べはじめる。昨日より、かなり早い時間帯だ。朝と違って、日射しが逆光になってしまっているので、少し見えづらい。

一昨日から雪豹たちが食べ続けている羊の死骸は、遠目にもわかるほど、すっかり小さくなってしまっていた。今日のうちに、ほとんど食べ尽くしてしまいそうだ。明日には、雪豹の母と子は、どこか別の場所に移動してしまうかもしれない。

次第に傾いてきた午後の日射しの中で、黙々と羊を食べ続けている雪豹たちの姿をファインダー越しに眺めながら、僕は、今朝の夜明け前の、彼らとの邂逅（かいこう）の瞬間を思い出していた。震える手で構えたカメラのレンズを通して、彼らのまなざしを感じた時、ついに本当の意味で、雪豹に出会えたのだ、と思った。こんな機会は、もう二度とないかもしれない、とも。

でも、それはまだ、ほんの始まりにすぎなかった。

Dee B
Readymade

LHALUNG

村での日々

……よく眠れた。

昨夜寝る前に、外して枕元に置いていた腕時計を見る。七時過ぎ。温度計測のボタンを押してみる。……二度。かろうじて、氷点下ではない。家の外はたぶん、マイナス十度か、それ以下になっているだろう。

身体を起こして寝袋から這い出し、ベッドから少し離れた場所にある、縦長の電気ヒーターのスイッチを押す。ついた。停電ではないようだ。

温まりはじめたヒーターの前で、急いで服を着る。それまで着ていたのは、化繊の下着の上下、長袖のアンダーシャツとタイツ。その上にジップアップシャツ、フリース、厚手のストレッチ素材のジャケットとロングパンツを重ね、ウールの登山用ソックスを履く。外に出かける時は、さらに化繊綿の中綿入りジャケットを着て、手袋をはめ、耳当てつきの防寒帽をかぶる。

このくらい着込まないと、冬のスピティの寒さには耐えられない。

七時半頃、ドアをノックする音がして、リンジン・ドルマが、コップに注いだチャイを持ってきてくれた。この家の主の娘で、年は十四、五歳くらい。小柄で、髪を後ろで束ねていて、くりっとした黒い瞳が印象的な子だ。学校で習っているのか、英語も少し話せる。

「ストーブに火を入れますね」

彼女はそう言って、部屋の中央にある小ぶりな煙突ストーブに薪を二本入れ、乾燥させた家畜の糞にケロシン(灯油)を染み込ませたものを着火剤代わりにして、手際良く、あっという間に火をつけてくれた。

「タクポ(上手だね)」と僕がラダック語で言うと、意味が通じたのか、リンジンは照れくさそうに笑って、部屋を出ていった。

少し経って、またノックの音。今度は、主のタシ・ガトゥクだ。娘に似て、小柄できびきびした身のこなしの男で、少しインド訛りのある英語を、陽気な口調ですらすら話す。この日の朝は、小さめのバケツに入れたお湯とたらいを持ってきてくれた。

「おはよう！　これで、頭と顔を洗うといい」

「ありがとう！　助かります」

部屋を出てすぐ右にある洗面所に入り、上半身だけ裸になって、お湯とシャンプーを使って、手早く髪を洗う。使ったお湯は、流さずにたらいに溜める。でないと、屋内の水道管が寒さで凍ってしまうのだそうだ。何日ぶりのシャンプーだろう？　本当に気持ちいい。

さっぱりしたところで、頭をタオルでよく拭き、また急いで服を着込んで、一階の居間兼台所に降りていく。タシはちょうど、小麦粉の生地にジャガイモを練り込んで薄焼きにした、パラータを作っているところだった。熱々のそれを二枚、チャイと一緒にいただく。

小さな居間ではストーブに火が暖かく燃えていて、寒さで縮こまっていた肩と背中が、ふっとほぐれる。壁には、家族写真がたくさん貼られている。タシの奥さんは今、ハンドクラフト教室の先生として、キッバルに何日か出張しているのだという。

「……で、何をするんだい、今日は？」

「セルカンは今、拝観できますか？　前にも見たんですが、もう一度、ちゃんと写真を撮っておきたくて」

「わかった。あとで、案内してあげるよ。鍵も借りてこなきゃならないしな」

「ありがとう。いろいろとすみません」

デムルで雪豹の母子の撮影を終えた僕は、昨日、ラルンの村に移動してきた。ララ・ツェリンからの連絡を受けたタシが、自分の車でデムルまで出向いてくれて、僕を連れてきてくれたのだ。ラルンとデムルは、位置的には近いのだが、ラルンの方が標高で七、八百メートルほど低く、その高低差と険しい地形のせいで、車道は直接には通じていない。だから僕たちは、車で二時間近くかけて、南からぐるりと大回りしなければならなかった。

ラルンは、スピティの中では比較的大きな村だ。タシによると、村出身の人間は、四百五十人くらい。そのうち、村に今住んでいるのは、三百人ほどだという。

村の家々は、南に面した広大な斜面に沿って密集していて、その集落のちょうど真ん中のあたりに、タシの家がある。家の一階、僕たちが今いる居間から玄関と二階への階段を挟んで反対側は、タシが経営する、村で唯一の食料雑貨店になっている。だから時折、村の誰かが居間の窓をコツコツと叩いてはタシを呼び出し、小麦粉やら、調味料やら、洗剤やらを店で買っていくのだった。

　朝食を食べ終え、タシの手が空いた頃合いを見計らって、僕は彼にもう一度声をかけ、ラルン・セルカンと呼ばれる村のお堂に、一緒に行ってもらうことにした。

「場所は、知ってるよな？　先に行っててくれ。俺は扉の鍵を借りて、あとから行く」

「わかりました」

　ラルン・セルカンは、集落から斜面をさらに登った先にあり、そこからは、村をぐるりと一望することができた。集落の東はずれに、真っ白で四角い平地がある。空き地に水を張って凍らせて作った、スケートリンクのようだ。前にこの村に来た時は、なかったような気がする。

「……あれ、いつできたんですか？」あとから登ってきたタシに訊く。

「この冬に、完成したばかりだよ。州政府の支援でね。また、子供たちが滑っている時にでも、見物に行こう。さて、鍵を開けるか……」

「セルカンの鍵は、前は確か、お坊さんが管理してましたよね。あの、度の強い丸眼鏡をかけた……」

「ああ……あの人は、少し前に亡くなったんだ。今は、村の人間が鍵を管理してる」

「そうだったんですか……」
ラルン・セルカンの入口の前では、同じタイミングで拝観しに来たらしい三人の老婆と、その中の誰かの孫らしき男の子が一人、鍵が開くのを待っていた。タシは、戸口の下の方にかけられていた幅十センチはありそうなごつい南京錠に、鍵を差し込んでガシャリと外し、背の低い木製の扉を開けた。

身を屈めて入った堂内は、ものすごく暗く、タシが電灯のスイッチを入れた後も、目が慣れるまで少し時間がかかった。老婆たちは横一列に並び、仏教のマントラ（真言）を唱えながら、五体投地礼で祈りを捧げはじめた。

七、八メートル四方ほどの狭い堂内は、暗い青を基調としていて、天井や梁は、バター灯明の煙で煤けている。三方の壁面は、ナンパ・ナンツァ（毘盧舎那如来）をはじめとする如来や菩薩などの塑像で、上から下まで、ぎっしりと埋め尽くされていた。細かな彩色こそ、近年になって施された部分もあるようだが、塑像自体は、おそらく千年近く前に作られたものも含まれているはずだ。

ラルン・セルカンの創建の由来は、はっきりとはわかっていない。かつてこの地には、もっと大きな規模のゴンパ（僧院）があったと言い伝えられていて、村の中には、その建物の遺構と思われる痕跡が残っている。ラルン・セルカンは、その僧院にあったお堂の中で、唯一保存されて残ったものではないか、とも言われている。

スピティには、九九六年に創建されたという碑文が遺されているタボ・ゴンパという僧院がある。そのお堂の内部には、ラルン・セルカンと非常によく似た様式の塑像が祀られている。似た様式の仏像や壁画は、ラダックのアルチ・チョスコル・ゴンパ、スムダ・チュン・ゴンパ、マンギュ・ゴンパのほか、西チベットのトリン・ゴンパなどにも見られ、それぞれ十世紀から十一世紀にかけて創建されたと考えられている。だから、ラルン・セルカンも、それらの僧院と同じ時期に建てられたのではないだろうか。

構図やフォーカス、絞り値、露出補正などを慎重に確認しながら、室内の様子を写真に収めていく。それぞれの塑像の表情や、指先などに現れているしぐさは、息を呑むほど荘厳でありながら、どこかしら、妖艶さすら感じさせる。この塑像の数々を作り上げたのは、どんな人たちだったのだろう。どれだけの思いと努力と祈りを込めれば、これほどまでに美しいものを作り出せるのだろう。今はもう、その答えを知る術はないのだが。

ラルン・セルカンでの拝観と撮影を終えた後、僕たちはいったんタシの家に戻って、彼がさっと作ってくれたプラオ(スパイス入り炊き込みごはん)を昼食に食べた。二階の部屋でひと休みしてから、午後はカメラを手に、一人で再び外へ。

集落の中央から少し下手にある空き地に、大勢の人々が集まっているのが見えた。十代後半くらいの若者が多い。男の子たちがインドで人気のあるクリケットか何かをして遊んでいて、女の子たちはそれを見学しているのかな……と思ったら、逆だった。男の子たちは、空き地の端にたむろして、女の子たちの方をちらちら見ながら、だべっている。女の子たちは空き地の真ん中で、何組かに分かれて……何と、カバディをしていた。インドをはじめとする南アジア諸国で二千年もの歴史を持つとも言われる、グループで競う鬼ごっこのようなルールのスポーツだ。女の子たちはかなり激しくやりあっていて、みな、「カバディ、カバディ、……カバディッ！　きゃあーっ！」と叫び声を上げながらとっくみあい、地面に転がり、全身、白い土まみれになっている。畑仕事もなくて時間があり余っている、冬の間の娯楽なのだろうか。それとも、試合か何かがあって、本気で練習しているのか……。それにしても、豪快だ。

ふと横を見ると、空き地から一段高いところにある村道沿いに、村のおばちゃんたちが二十人くらい、ずらりと並んでしゃがみ込み、女の子たちがカバディで雄叫びを上げる様子を見物していた。あのおばちゃんたちも、若い頃は、あんな風にカバディをしていたのだろうか……。ちょっと想像がつかないけれど。

にぎやかな空き地から離れ、集落の中を縦横に走る細い道を辿って歩く。すっかり葉を落とした木々が、細くて白い骨のようにも見える枝を、薄曇りの空に広げている。村人が住んでいる家は、比較的新しいものが多い。古くからの家は住みづらいのか、人が暮らしている気配がなく、窓や戸が閉め切られていたり、日干し煉瓦で作られた壁の一部が崩れかけたりしている。路地裏に佇んでいた一頭の驢馬が、表情の読めない真っ黒な瞳で、じっと僕を見る。

「……おーい！　おい！」

どこからか、声が聞こえてきた。つい今しがた通り過ぎた、木戸の隙間の向こう側からだ。開けて中に入ると、そこは民家の軒先の庭になっていて、四人の初老のおじさんたちが、並んで坐ってひなたぼっこをしていた。

おじさんたちは全員、英語は話せないようで、スピティ語で矢継ぎ早に質問してくる。何となく意味はわかったので、ラダック語で「日本から来ました。今は村の写真を撮ってます。ラルンはとても美しい村ですね！」と言うと、通じたらしく、おお、そうかそうか、とみな顔をほころばせた。僕のカメラを指さしながら、俺たちの写真を撮れ！　と促されたので、言われるがまま、集合写真と個別の写真を撮らせてもらう。どうということのない鷹揚（おうよう）なやりとりが、この土地らしくて、何だかうれしくなる。

おじさんたちと別れた後、集落の東から外に通じる車道を辿り、村はずれを歩いていく。右下の斜面に広がる褐色の段々畑を眺めながら、南へと進んでいくと、車道の曲がり角に、仏塔と、祈祷旗を結わえつけた旗竿が立っていた。ラルンの村の入口を示すものだ。僕は足を止め、来た道をふりかえった。

そこは、ラルンの村の全景が、もっとも美しく見える場所だった。西の渓谷を流れるリンティ川の岸辺は、ところどころ、白く凍りついている。村の下手に広がる段々畑は、冬の今はそっけない褐色だが、夏から秋にかけては、菜の花の黄色やマタル（グリーンピース）の緑、実った大麦の黄金色で彩られた、鮮やかなモザイク画のような光景になるはずだ。村の上手の斜面には民家が集まっていて、その先は、いくつもの稜線が北へと重なるように連なっている。

カザやデムルと同じく、このラルンにも、雪の痕跡はまだ、どこにもなかった。どうなってしまうのだろう、この冬は。

「……雪か？　そうだな、この村でも、みんな心配してる。だからって、人間に何かできるわけでもないんだが……雪乞いの祈祷をお願いするくらいかな」

「雪乞い？　お寺で、ですか？」

「ああ。ここだと、南にあるダンカル・ゴンパだ。ほかにも、今年はあちこちで雪乞いの儀式をやってるらしいよ。コミックとか、キーとか。……さあ、晩飯にしよう」

そう言ってタシは、ガスコンロの火を止めてアルミ製の蒸し鍋を下ろし、中身をひょいひょいと皿に取り分けた。ふかしてつぶしたジャガイモを、練った小麦粉の皮で包んで蒸し上げた、チベット風の蒸し餃子、モモ。トマトや唐辛子などをすりつぶして作ったピリ辛の薬味をつけ、熱々のうちに頬張る。

「シンポ・ラ！（おいしいです！）」

「お、スピティ語だな」タシは顔をほころばせた。「ラダック語で、ありがとう、は何て言うんだ？」

「オ・ジュレーとか、トゥジェチェとか……」

「トゥジェチェは、こっちでもたまに使うなあ。チベット語だよな。スピティで一番よく使うのは、ザンソン。ザンソン、だよ」

「ザンソン。よし、覚えました」

「君が今いる、二階の部屋はどうだ？　寒くないかい？」

「マー・ギャラ（とてもいいです）」

「それもラダック語だな。スピティではそれは、ミナン・ヤクポ、と言うんだよ」

「これは全然違うんですね。なるほど」

「俺たちスピティ人が、ラダック人と話すと、お互い、話の三、四割くらいはわかる。どっちの言葉も、元はチベット語だからな。しかし君は、変わってるね。日本人なのに、ラダック語がわかるなんて」

　そう言ってタシは、愉しそうに笑った。


　翌日の一月二十六日は、インドの共和国記念日。一九五〇年のこの日に憲法が発布され、インドが共和国になったことを記念する祝日だ。首都のデリーで毎年この日に催される式典では、軍による華々しいパレードが行われることで知られている。

「ラルンでは……今日は何か、共和国記念日の催しがあるんですか？」

「やるらしいよ。たぶん午後から、そこの集会所で」

　そう言いながらタシは、昨夜のモモなどの残り物をスープにぶち込んで、スパイスなどを足して煮込んだトゥクパを、碗によそってくれた。トゥクパと聞くと、チベット風の汁麺と受け止める人が多いかもしれないが、実はもっと幅広く、煮込み料理の総称としても用いられる。

これが今日の朝食だ。

「午前中は、暇だろ？　スケートの先生たちがカザから来てるそうだから、スケートリンクを見に行こう。子供たちが練習するはずだから」

タシのその申し出をありがたく受け入れて、僕はトゥクパを食べ終えた後、上着を着てカメラ一台を首に提げ、彼と一緒にスケートリンクに向かった。

集落の東はずれにある空き地を整地し、水を引いて凍らせ、氷面を平らにならした場所が、村のスケートリンクとなっていた。中央に旗竿が一本あり、周囲には五色の祈祷旗が張り巡らされている。リンクでは、スケート靴を履いた三、四十人ほどの子供たちが、二つのグループに分かれて、手前から向こうへ、向こうから手前へと、交互に滑って練習していた。ほとんどは、十代の前半から半ば過ぎくらいの子たちのように見える。

カザから時々スケートを教えに来ているという若い男性が三、四人、リンクの中央に立って子供たちに目を配りながら、ここはこう気をつけて滑ろよ、といった感じで声をかけている。直線的な滑走の次は、一列になっての周回だ。まずは左回りに、次は右回りに。子供たちは熱心だ。もちろん、多少の上手下手はあるが、悪ふざけもせず、まじめに、でも愉しそうに滑っている。

スケートリンクの端の方では、十人くらいの親たちが、子供たちの滑りっぷりをやいのやいのと言いながら見守っている。彼らの足元では、三、四歳くらいの子供たちが、氷の上でよちよち歩き回って遊んでいる。

「冬の始まりの頃、ほんの二カ月ほど前にできたばかりなんだよ、ここは」僕の横で、腕組みをして子供たちを眺めながら、タシが言う。「子供たちが使うスケート靴は、二十足ほど、州

政府が用意してくれた。親に、自分用のを買ってもらった子供もいる
「もしかしたら……いつか、ラルン出身の、スケートかアイスホッケーのオリンピック選手が、出てくるかもしれないですね」

「だな！　ここは空気が薄いから、心肺のトレーニングには最適だろうし」

黒のジャケットを着て、ピンク色のストールを頭にぐるぐると巻いた、タシの娘のリンジンが、颯爽と滑ってきて、僕たちの目の前を通り過ぎていった。タシ同様、身のこなしが機敏で、運動神経がいいのだろう。スケートも上手だ。

「……はいはいはい、それでは、始めますよー！」

そう呼ばわりながら、何人かの大人たちが外からやってきて、子供たちに声をかけ、リンクの中央にある旗竿の周辺に並ばせはじめた。村の子供たちによる、共和国記念日のささやかな式典の始まり。橙、白、緑の小さなインド国旗が、リンク中央の旗竿にするすると掲揚されていく。子供たちは時折互いに顔を見合わせながら、大人たちに言われるがまま、むにゃむにゃと歌を歌っていた。


スケートリンクから家に戻り、居間で、タシがとっておきのブラックコーヒーを淹れてくれたのをいただいていると、コツコツ、コツコツ、と、何度も続けざまに居間の窓を叩く音がしはじめた。そのたびにタシは、同じ一階にある彼の食料雑貨店に歩いていって、客の応対をしていた。

「大繁盛ですね、今日は」

何度目かで戻ってきたタシにそう言うと、彼はハハッと笑って、こう言った。

「……子供たちばっかりだよ！　みんな、親にもらった小遣いで、ガムやらチョコレートやらを買いに来るんだ。一個十ルピーとか、二十ルピーとか。ちっとも儲からない！」

そうは言いながらも、タシも何だか、うきうきと愉しそうだ。

居間の隣の部屋では、リンジンとその友達二人が、刺繍の入ったチベット風の青いドレスの着付けに取りかかっていた。これから村の集会所で催される式典で、彼女たちは何かの役割を担っているのだろう。タシも、臙脂（えんじ）色の民族衣装の長衣を着はじめた。式典が始まるのも、まもなくのようだ。

集会所は、タシの家から五、六軒分ほど東に離れた場所にあった。長辺が二、三十メートルほどの直方体の形をした、コンクリート製の平屋の建物。広い屋根の上では、何人かの男たちが、これからの催しでふるまう炊き出しの料理を作るために、野菜の皮剥きなどの下ごしらえに精を出していた。

タシの後について、集会所の中に入る。中は何もないがらんどうで、壁も柱も床も、コンクリートが剥き出しのまま。いくつかある窓にも、ガラスは入っていない。集会所の右半分には、二十人くらいの村のおばちゃんたちと連れの小さな子供たちが、床に敷いたシートに並んで坐っている。左奥には、貴賓席なのか、五、六脚並べられた椅子に老人たちが坐っている。その右には、長衣の上に緑色の刺繍入りマントを羽織った司会役の若い女性が一人、マイクを片手に持ったまま、別の若者たちと何か打ち合わせをしている。そろそろ始まるのだろう。急に人の数が増えてきた。

「奥に坐ってるのは、よそから来た偉い人たちですか？」

「いや、村の人間だよ」とタシ。「もともとこの村では、共和国記念日になっても、特に何の催しもしてなかったんだ。でも、しばらく前から、村の若い連中が、ここでも何かやるべきだ、と言いはじめてね。それでみんなで相談して、やつらにやらせてみよう、ということになった」

司会の女性が、はりきった口調で、マイクを通じて前口上を述べはじめた。六人くらいの子供たちとその先生らしき人が前に出てマイクを受け取り、先生に言われるがまま声を揃えて、始まりの挨拶のような言葉をもごもごと口にした。続いて、司会の傍らにいた若者たちがスマートフォンを操作して、スピーカーを通じて音楽をスタート。スピティ語で歌われている歌謡曲だ。

集会所の入口付近で待機していた十数人の女性たちが、しずしずと中に入ってきた。みな、臙脂色の長衣に、鮮やかな色柄の刺繍が入った緑色のマントを羽織っている。曲に合わせてゆるやかなステップを小刻みにくりかえしながら、両手を左右に、上下に振り、顔の前で合わせて祈る、という動作をくりかえす。スピティ特有の振り付けの踊りなのだろう。それまで殺風景だったコンクリートの集会所が、急に、華やかに色づいたように感じられた。

次に現れたのは、リンジンと二人の女の子たち。少し前のインドの流行曲に合わせて、今風の振り付けでダンスを踊りはじめた。リズムに呼応して、三人のコンビネーションが、ピタッ、カチッ、と見事に決まる。ずいぶん練習したのだろう。タシも、これほど上手だとは思わなかった、と感心した顔で眺めている。

スピティをはじめ、ラダックやザンスカールなど、この一帯で暮らす人々は、このようにして音楽に合わせてダンスや歌声を披露する催しのことを、英語で「カルチャー・ショー」と呼んでいる。この日のラルンでのカルチャー・ショーは、かなり盛大で、大小のグループが入れ替わり立ち替わり、それぞれ練習を重ねてきたダンスを披露していた。ラダック語のデュエット・ソングに合わせた女性たちのダンスは、スピティのそれとはまた少し違って、のほほんと牧歌的な雰囲気。キナウルの歌謡曲のダンスで、グループ内の男の子と女の子がそれぞれ相手にアピールするソロのダンスを披露しはじめると、見物のおばちゃんたちは、「ヒューヒューー！　付き合えーー！　お前ら付き合えーっ！」と大喜びではやしたてていた。運動神経のいいリンジンは、いくつかのグループをかけ持ちしていて、踊り終わっていったん集会所の外に出ては、衣装を着替え、二、三組後にまた戻ってくるというのをくりかえしている。

集会所内をあちこち移動しながら、カメラで写真を撮っていると、少しの間いなくなっていたタシが戻ってきて、「炊き出しのメシができたそうだ。食べに行こう」と誘ってくれた。

食事がふるまわれていたのは、男たちが仕込みをしていたのと同じ、集会所の屋根の上だった。この日のメニューは、パニール（豆腐のようなチーズ）とたっぷりの野菜を煮込んだカレーを、白飯にかけたもの。僕も一皿いただく。さすがに、寒さで少し冷めかけているが、十分に旨い。

屋根の上では、担当していたダンスの披露を終えた若者たちが、それぞれ胡座をかいて坐って、少し興奮気味にはしゃぎながら、皿に盛られた食事を右手の指ですくって頬張っていた。何となく、学生時代の文化祭の雰囲気を思い出す。彼らの様子を眺めながら、タシはにやりと笑って、僕に言った。

「今日のラルンは、デリーのパレードよりも、断然盛り上がってるな！」


次の日の午前中、僕はタシの案内で、村の東のはずれにある小学校を訪ねた。昨日までは祝日で学校もお休みだったが、今日から再開しているはずだった。

校舎はコンクリート製の平屋の建物で、外壁には、ミニオンなどのキャラクターの絵が、ほのぼのとしたタッチで描かれている。青いペンキで塗られたドアをノックすると、タンジン・トゥンドゥプが顔を出した。

「おお、タカ……！　よく来たなあ。さ、二人とも入って。僕も昨日の夜、デムルから戻ってきたばかりなんだ」

板張りの壁の教室は、手前にストーブが据えられていて、奥では十五、六人の子供たちが、床に敷かれたマットレスにぺたりと坐り、それぞれ手にした紙に覆いかぶさるようにして、何やら一心に書き込みをしていた。タンジンのほかにもう一人、黒いストールを頭に巻いた若い女性の先生がストーブの近くの椅子に坐っていて、子供たちに目配りをしている。

「テストだよ」とタンジン。「二カ月に一回、年に六回やってる。三月に、その一年の成績が出る」

「ごめん、邪魔じゃなかった？」

「大丈夫だよ、気にしないで。写真も撮りたいでしょ？　どうぞどうぞ」

そう言ってタンジンは、生徒たちに向かって、「この人は日本から来た先生の友達で、本を書く仕事をしているので、これからみんなのテスト中の写真を撮ります！」という意味のことを伝えてくれた。子供たちはほんの一瞬ざわつくと、照れくさそうにはにかみながら、ちらと僕を見て、またすぐにテスト用紙に目を落とした。

「ここでは、何種類くらいの授業をしているの？」

子供たちの迷惑にならないように、手早く何枚か写真を撮らせてもらってから、僕はタンジンに訊いた。

「スピティ語、英語、ヒンディー語、算数……社会もあるね」

「生徒は、何人くらいいるの？」

「今日、ここに来れなかった子も含めると……全部で二十五人かな。下は三歳から、上は十五歳の子もいる」

この村に小学校が設立されたのは、一九七九年。まだ、そんなに昔の話ではない。タンジンは、五年ほど前にこの村に赴任してきたという。

「僕が赴任してきた時、最初はたった二人しか、登校してこなかったんだ。あの時はびっくりした……本当に、どうしようかと思ったよ。それから、村の人たちと話し合いを続けるうちに、少しずつ、登校してくる子が増えてきて……」

そう言いながら教室内を見回して、タンジンは、顔をほころばせた。

「今日は天気がいいから、外に出ようか。お茶を用意するよ」

タンジンと僕は、校舎の外に出て、日当たりのいい場所に、プラスチック製の椅子と小さなテーブルを並べた。タンジンは、チャイの入った魔法瓶とコップを三つ持ってきて、袋入りのラスクを開け、テーブルに置いた。ラスクやビスケットをチャイに浸すのは、このあたりではみな、よくやる食べ方だ。

「テストの時間が終わったら、子供たちにも外に出てきてもらうから、タカのカメラで、集合写真を撮ってよ」

「いいよ、もちろん」

「しかしまあ、いつ会っても、全然見た目が変わらないね、タカは」

「タンジンこそ。でも、もう十年以上前になるんだね。最初に知り合った時から……」

デムル出身のタンジン・トゥンドゥプと知り合ったのは、彼がまだ大学生の頃だった。当時、僕はスピティ内の村々を歩いて巡るトレッキングを計画していて、そのためのガイドとしてラ・ツェリンが紹介してくれたのが、夏休みでスピティに帰省していたタンジンだった。少し面長で柔和な顔つきも、小柄で引き締まった体格も、おっとりとした口調も、その頃からほとんど変わっていない。

あの夏、僕とタンジンは、村から村へと一泊ずつ民家に泊めてもらいながら、スピティ内を歩いて旅した。合わせて一週間ほどのトレッキングだったが、それまでにインド北部で経験した中でも、もっとものどかで、幸せな時間に浸ることのできたトレッキングだったと思う。

その後、クルの大学を卒業したタンジンは、ヒマーチャル・プラデーシュ州内の別の地域の学校に何年か勤めた後、スピティに戻り、このラルンにある学校で教鞭を執ることになった。今は、ラルンの郊外にある一軒家で、結婚して数年の奥さんと、生まれたばかりの子供とともに暮らしている。

「初めて会った時から、いつかスピティの学校で子供たちを教えたい、って言ってたよね。すごいなあ、夢をちゃんと叶えていて」

「でもいつかは、ここじゃなく、デムルに戻りたいんだ」

チャイの入ったコップで両手の指先を温めながら、タンジンは言った。

「自分が生まれ育った村の学校で、同じ村出身の子供たちを教えたい。それが目標。今は、デムルの学校には先生の枠の空きがないから戻れないけど、もしいつか、募集がかかったら……」

「そうか。いろいろうまくいくといいね。デムルか……」

そこまで口にしてみて、僕はふと思い出したことを、タンジンに訊いてみたくなった。

「タンジン。一年半前の夏、デムルでナムガンの儀式があった日、パラ・リからの帰り道で、村の人たちが歌を歌ってたんだけど、あれはどういう歌なのか、知ってる？　その時に撮った短い動画があるから、見てほしいんだけど」

僕は自分のスマートフォンの画面で、三十秒ほどの動画を見せた。

「ああ、これか。知ってる……確か、全体は、もっと長い歌なんだ……」

「どういう意味の歌詞なのか、できれば知りたいんだけど」

「その動画のファイルを、僕に送って。すぐにははっきりわからないけど、今度、デムルに戻った時に、母に訊いてみるよ」

双子の兄妹

目の前には、底まで見通すことができないほど、深い峡谷が横たわっていた。

僕がいる場所から、谷底を流れる川までの高低差は、百メートルか、百五十メートルくらいはあるだろうか。こちら側も、対岸も、ほぼ垂直か、それ以上の角度で切れ落ちている断崖。対岸の崖には、左下から右上がりに、幾筋もの地層が走っているのが見える。

「……タカ・サー！」

背後から、ソナム・ノルブーの声がした。ざくざくっ、と斜面の砂利を踏みしめる音がして、彼は僕のいる岩場の窪みまで降りてきた。彼は僕を呼ぶ時、いつも英語の「サー」という敬称をつける。

「チャイ、飲む？」

「ありがとう。まだあるなら、いただくよ」

ソナムは、黒いリュックサックから小ぶりな魔法瓶を取り出し、小さなステンレス製のコップにチャイを注いで、僕に差し出した。ひと口、すする。まだ十分温かい。唇、舌、喉、そして腹の奥へと、熱い液体が流れ落ちていく。寒さと緊張でこわばっていた身体が、ほんの少し、ゆるんだような気がする。

「……で、どう?」ソナムが訊く。

「ああ……」答える前に、カメラのファインダーを覗いて、確認する。

「まだ、丸まって寝てる」

宙には、ちら、ちら、と雪が舞っていた。遠くの山嶺にも、頂上付近には、昨日の夜の間に降ったらしい雪が積もっている。対岸の断崖の上に連なる斜面や、その中腹にあるチッチムの村にはまだそれほど積もってはいないが、明日の朝には、まったく違った景色になっているかもしれない。

僕たちがいる場所から二、三百メートルほど北には、現地の人々がチッチム・ブリッジと呼ぶ鉄橋が架かっている。手前にあるキッバルと、対岸のチッチムとの間をつなぐ橋で、ほんの数年前に工事が終わったばかりだという。以前は、はるか北から大回りして行き来するか、峡谷に張り渡された鋼鉄のワイヤーを往来する、小さな鉄のカゴのような手動のロープウェイに乗るしかなかった。

橋のたもとから、こちら側の断崖の縁に沿って続く未舗装の道路沿いには、二十人ほどの撮影者たちが、巨大な望遠レンズをつけたカメラを三脚に据えて、ずらりと立ち並んでいた。各グループについているスキャナーやポーターを合わせると、かなりの人数だ。ほかのグループにあまり煩わされたくない僕のために、ソナムは彼らの位置から離れた、道路から斜面を少し降りた場所にある、この岩場の窪みを見つけてくれた。足元は結構きわどいので油断はできないが、撮影に集中できるのはありがたい。

ラルンでの数日間の滞在を終えた僕は、カザで一日休んだ後、昨日、キッバルの村に移動してきていた。これから約一カ月の間、この村を拠点にして、撮影にじっくり取り組むつもりでいた。ソナム・ノルブーは、友人のララ・ツェリンが、僕の専任として起用してくれたスキャナーだった。

「……ソナムは、キッバルの出身なんだよね？」

「そうだよ」双眼鏡から目を外して、ソナムが答える。頭にかぶったフードから覗く、日に焼けた精悍な顔立ち。綺麗な歯並びの口元をほころばせて笑うと、とたんに子供っぽい表情になる。

「今はまだ、学生なの？」

「うん。普段はシムラーに住んでて、あの街にある大学に通ってる。冬休みの間、一月中旬から三月中旬くらいまでは、この村に戻ってきて、スキャナーの仕事をしてるんだ」

「大学では、何を勉強してるの？」

「……絵を描いてるんだ」ちょっとはにかみながら、ソナムが答える。

「美大に通ってるのか。すごいなあ。将来もその道に進むの？」

「うーん、どうかな。たぶん難しいよね……。この村に戻ってくるかも」

「村で暮らしていくことにしたら、何を仕事にするの？」

「……ホームステイの経営かなあ？　あとは、ガイドやスキャナーの仕事とか？」

僕たちの前、岩場に据えた三脚にセットしたカメラのレンズは、はるか彼方、断崖を走る地層の襞の隙間に向けられている。そこでは、雪豹の双子の兄妹が、丸めた身体を寄せ合うようにして眠っていた。


八日ほど前、雪豹の母子を撮影するために、デムルに滞在していた日の夜。滞在先の居間兼台所で薪の燃えるストーブにあたりながら、チッチム出身のスキャナー、プンツォク・タシは、僕にこんな話をしてくれた。

「キッバルとチッチムの周辺がワイルドライフ・サンクチュアリ（野生動物保護区）に指定されたのは、今から三十年くらい前だったと思う。十年ほど前には、保護区の対象範囲が拡大された。冬場に雪豹の撮影を目的にしたグループツアーが企画されるようになったのも、その頃からだった」

「あなたも、その時期からスキャナーを？」

「ああ。それまでのスピティは、寒すぎて不便な冬の間は観光のオフシーズンで、旅行者も来ないし、観光収入もほとんどなかった。村の人間たちにとって、雪豹は、大事な家畜を時々殺しにくる、厄介者でしかなかった。でも……」

プンツォクは、チャイをひと口すすってから、話を続けた。

「雪豹の撮影ツアーが始まってから、冬の間に、新しい仕事ができた。雪豹を探すスキャナー、荷物を運ぶポーター、車を運転するドライバー。村でホームステイを受け入れてる家もそうだ。それまで暇でしようがなかった冬の間も、働けるようになった」

「そうなんだ……。今、スキャナーと呼ばれる人たちは、何人くらいいるの？」

「キッバルとチッチムで、二十人ちょっとかな。雪豹やほかの動物のことをよく知っていて、目がよくて、足腰も達者でないと務まらない。今は、若い連中が多いよ」

「スキャナーたちは、どんな風にして雪豹を探し出しているの？」

「キッバルの周辺には、何カ所か、雪豹が割とよく姿を見せるポイントがある。そういう場所を中心に、雪豹が前の日までいた場所や、雪の上の足跡を観察して、今日はこのあたりにいそうだと、範囲を絞り込んでいく。そういう情報の共有はスキャナー同士でもやっていて、お互い協力しながら探すこともある」

「なるほど。で、雪豹が見つかったら、村に連絡して、雪豹を見られる場所にお客さんを送り込むわけか」

「車で行ける場所ならな。日によっては、雪豹がものすごく遠くに行ってしまう時もあるから、そういう場合は、代わりにアイベックスの群れや、狐たちを探すこともある」

プンツォクは自分のスマートフォンを取り出して、彼がキッバルとチッチムで自分のカメラを使って撮影したという、雪豹たちの写真を見せてくれた。どの写真も、驚くほどくっきりと、雪豹たちの表情や身体つきを捉えている。いい写真だ。

「今、キッパルの近くにいるのは、この双子だ……。一方は雄で、もう一方は雌。まだ、二歳にもなっていない。去年までは母親も一緒にいて、三頭で行動していた」

「母親は……？」

「どうやら、病気か何かで、死んでしまったらしい。去年、最後に姿を見かけた頃は、ひどく痩せ衰えてしまっていた。……ほら、この写真だ。かわいそうに。双子も食べ盛りだったから、母親は、栄養補給も十分じゃなかったのかもしれない」

「本来なら、雪豹の双子は、まだ親離れする時期ではなかったってこと？」

「ああ。身体は大きくなっても、まだ子供だから、今も二頭で一緒に行動してるんだと思う。次の冬には、離ればなれになるんじゃないかな……。成獣になった雪豹は、基本的に一頭で暮らすから。……ほら、この写真を見てみろ。よく似てるけど、目のあたりが、少し違うだろう？　こっちの子の目尻はシャープに切れ上がっていて、それに比べると、こっちの子の目尻には、少しだけくせがある……」

そう話しながら、スマートフォンで雪豹の写真を見せてくれるプンツォクの表情は、穏やかで、どことなくうれしそうだった。まるで、自分の子供たちの写真を見せているかのように。

この日、キッパルの雪豹の双子は、地元のスキャナーたちに発見された朝からずっと、断崖の岩襞で眠り続けていた。長い尻尾を身体に沿ってくるりと丸めた姿は、猫にそっくりだ。斑紋を散らした灰色の毛並みは、背中のあたりが少し黄味がかっていて、遠目には、岩肌とすっかり同化して見える。見事な保護色。じっとしていると、普通の人間の肉眼では、この距離だとほとんど見分けがつかない。

「あの子たちは何日か前に、アイベックスを一頭、仕留めたんだ」とソナム。「そんなに大きなアイベックスじゃなかったけど、二頭ですっかり食べ尽くしたから、今日はまだ、おなかいっぱいなんじゃないかな」

「だから、今日はずっと寝てるのか……」

「そうそう。動きはじめるにしても、夕方からじゃないかと思う」

そんな話をしているうちに、ちらついていた雪が、本降りになってきた。カメラと望遠レンズにはビニールのレインカバーをかけてあるが、これだけ視界が雪に遮られてしまうと、雪豹たちを写真に捉えるのは難しい。

「タカ・サー、いったん村に戻って、ランチにしよう。何か用意するよ。食べた後、雪が止んだら、またここに来よう」

「わかった」

僕たちは、三脚を畳んでカメラとともにカメラザックにしまい、斜面を登って、村へと歩きはじめた。ほかの撮影者たちのグループは、すべての荷物を運んでくれるポーターと、村から撮影現場まで車で送迎をしてくれる運転手を雇っている。僕は一人だし、かなり長い間滞在するために節約しなければならないので、スキャナー一名にだけ、毎日帯同してもらう契約をしていた。だから、村と撮影現場との間の行き来は、基本的に徒歩。ほかのグループの車の座席や荷台に空きがあって、ソナムと運転手との交渉が成立すれば、乗せてもらえる場合もあるが、常にあてにすることはできない。

僕は、風景撮影用のカメラを入れたバッグと、メモ帳と筆記具とスマートフォンなどを入れたショルダーバッグを持ち、ソナムは、望遠レンズをつけたカメラと三脚などを入れたカメラザックを背負っている。キッバルに来るまで、荷物は全部、自分一人で運ぶつもりでいた。でも、ほかのスキャナーやポーターたちから、ソナムが客に荷物を運ばせてサボっていると勘違いされてしまいそうだったのと、ソナム自身も申し訳なさそうにしていたのもあって、彼にカメラザックを預けることにしたのだった。

村の周囲を巡る車道をショートカットして、かなりの急斜面をぜいぜい息を切らしながら歩いて登り、三十分ほどで、キッバルの集落の北側に辿り着く。南向きの湾曲した斜面に沿って、四、五十軒ほどの民家が建ち並んでいる。僕が昨日からお世話になっている家は、集落の中央からやや東寄りにあった。

着いてみると、家の人たちは留守だったが、道路に面した二階の戸口には、鍵はかかっていなかった。服についた雪を払い落として中に入り、一階にある居間兼台所に行く。ソナムはすぐに、煙突ストーブに薪をくべて火をつけ、チャイを淹れる準備を始めた。彼にとっては一応、赤の他人の家のはずなのだが、同じ村の人間同士、こんな風に気軽に出入りするのは、ごく当たり前のことなのだろう。

「タカ・サー。これ、温めたら、食べる？」

ソナムが、プラスチック製の保存容器に入っていた、丸くて平べったい形のパンを取り出し、僕に見せる。

「ありがとう。それは、タギ・カンビルだね？」

「ラダック語ではそう呼ぶのかあ。スピティ語では、ティリック・トゥポって言うよ」

「へえー。全然違うね」

彼がストーブの上で温めてくれたティリック・トゥポに、ありあわせのピーナッツバターをたっぷり塗りつけ、チャイと一緒に食べる。標高四千二百メートルの高地にあるこの村で、冬の寒さに耐えるには、食べられる時にめいっぱい食べて、エネルギーを身体に蓄えておく必要がある。でないと、屋外での長時間の撮影では、すぐに身体が冷えてきてしまうのだ。

「雪は……止んできたみたいだね」ソナムが、窓の外を見ながら言う。「タカ・サー、食事が終わったら、チッチム・ブリッジに戻る？」

「そうだね。もしかしたら、あの子たちも動きはじめるかもしれないし。日が暮れるまでは、あそこで粘ってみよう」

ほんの一時間にも満たない休憩だったが、ストーブで暖を取ることもできたので、かなり回復した。再び荷物を背負ってスノーブーツを履き、外に出て、集落の北側から斜面を下って、チッチム・ブリッジに向かう。下り坂ということもあって、少し急ぎ足で歩いたが、焦る必要はなかった。雪豹の双子は、午前中とまったく同じように、身体を丸めてくっつきあったまま、眠りこけていた。

　雪豹はとても用心深い動物で、遮蔽物(しゃへいぶつ)のない場所で人間が彼らに近づくのは、かなり難しい。しかし、キッパルとチッチムの間に横たわる深い峡谷は、人間が雪豹を観察するのに、思いもよらないメリットをもたらしてくれていた。峡谷の両岸の間隔は、多くの場所で百メートルから三百メートル程度。比較的距離が近い割に、断崖の途方もない落差に隔てられているおかげで、対岸に人間たちが集まっていても、キッバルならではの撮影環境だった。雪豹は、それほどプレッシャーを感じずに過ごすことができる。特殊な地形を持つ、キッバルならではの撮影環境だった。

「雪豹は……スピティ語では、シェン、だっけ？」

「そう、このあたりではね。スピティの中でも、どこだったかな、別の村では、ジャパって呼んでるらしいよ。こう、前足を伸ばして、ぴょんってジャンプするから」

「それほんと？　じゃあ、狼は何て言うの？」

「シング、かな」

「アイベックスは？」

「キン」

「ブルーシープは？」

「ナオ」

「狐は？」

「ヤザイ」

「ラダック語に似てるのもあれば、ちょっと違うのもあるね。面白いなあ」

そんな話をしていて、ふと、思い当たることがあった。

「……村の近くで雪豹を見かけるのは、冬の間だけなの？」

「うん。いつもは、雪豹は山の上の方にいる。雪豹が餌にしてるアイベックスやブルーシープも、山の上で草を食べてるから。冬になって、山に雪が積もると、アイベックスやブルーシープの群れは、山から村のあたりにまで降りてくる。だから雪豹たちも、山に雪が降ったら、群れを追って降りてくるんだ。雪豹はすごくあったかい毛並みを持ってるから、暑いところが苦手で、雪のあるところが好きなんだよ」

「そうなんだ。ふーん……」

「もう少し低いところまで、しっかり雪が積もってくれたら、僕らスキャナーの仕事は、すごく楽になる。雪の上の雪豹の足跡を探せば、その日はどのあたりにいるのか、だいたいすぐにわかるから」

「なるほど……」

僕がそんな質問をソナムにしたのは、一年半前の夏の終わりに、デムルの村はずれで見かけた羊の死骸のことを、また思い出したからだった。あの羊を仕留めたのが雪豹なら……たとえ暑くて苦手な夏の間でも、ひもじさに駆られた雪豹は、家畜を狙って人里近くまで降りてくる場合もある、ということになる。

そういえば、以前ラダックのマルカ谷で、雪豹に襲われて尻に怪我をした驢馬を目にしたのも、七月の上旬だった。夏の間でも、なりふり構わず家畜を狙わなければ生き延びられないような変化が、雪豹たちの棲む生態系に生じているのかもしれない。

空は、いつまた雪が降りだしてもおかしくないような、灰色の雲に覆われていた。今日は太陽の姿は見えない。今の時期は午後四時を過ぎると、太陽は西の山の端に沈んでしまうので、とたんに薄暗くなる。写真をまともに撮れるのは、せいぜい五時半くらいまでだ。

「……お？　起きたみたいだぞ……？」

カメラのファインダー越しに、雪豹の双子がそれぞれ身体を起こし、ぬーっ、と猫のように伸びをするのが見えた。身体の大きさはもう、成獣とほとんど変わらないようだ。これから、どこで何をしようというのだろう。僕たちの背後、斜面の上の道路沿いにまだ残っていた撮影者たちも、にわかに色めき立って、せわしなくシャッターを切りはじめた。

「……動いた！　動き出した！」

雪豹たちは、岩の襞から這い出すと、左下に向かって、するり、するり、と断崖を降りはじめた。身体とほぼ同じ長さのある太い尻尾をうまく使って、バランスを取っているようだ。断崖の下の方に降りていくにつれ、雪豹たちの位置はばらけて、ファインダー内で一度に捉えるのが難しくなってきた。

「……ソナム、後の方は、今、どのあたりにいる？」

「えっと……あそこ！　ちょっと明るい岩のあたり！」

「ああ、わかった……あれ？　先に行った方は？　どこ行った？」

「どこだろう……あの岩の向こうにいて、見えないのかな？」

「動きが速すぎる……！」

「……いた！　出てきた！　雪の上！」

そんなやりとりをしながら、カメラをあたふたとあちこちに向けているうちに、雪豹の双子の動きは、ますます速くなっていった。ほぼ垂直の断崖に沿って、右から左へ、上から下へ、そしてまた上へ、凄まじい速度でひゅんひゅんと駆け回る。

風のようだ、と思った。峡谷を渦巻きながら、一瞬で吹き抜けていく風……。

やがて雪豹の双子は、断崖の底、川べりに白く雪が積もっているあたりで、速度をゆるめ、再び一緒になった。岩場よりも雪の上にいる時の方が、姿がくっきりと見えるので、肉眼でも居場所がわかりやすい。

「あの子たちは……何をしてるんだろう？」

雪豹たちは少し距離を置いて向き合うと、後ろ足だけで立ち上がり、前足を宙にかざして、わっと相手に飛びかかった。互いの前足を絡みつかせ、いったんふりほどいて離れてから、また後ろ足で立ち上がり、ぴょいと飛びかかる。しばらくすると、今度はそれぞれ雪の上で仰向けになり、背中を雪に擦りつけながら足を宙にばたつかせ、また起き上がって……。

……そうか。そういうことか。

遊んでいた。再びちらつきはじめた雪の向こうで、雪豹の双子は、ただ無邪気に遊んでいた。

雪の到来

いつにもまして静かな朝だな、と思いながら、目を覚ました。起き上がってカーテンを開け、結露がびっしり凍りついた窓ガラスを少し擦って、外を見る。家々の屋根も、その先の丘も、山々も、一面、真っ白な雪。夜のうちに、五センチほど積もったようだ。今は止んでいる。スピティで、この冬初めての、本格的な積雪だ。何だか、ほっとした。これで少しは、雪豹たちに出会える確率も上がるかもしれない。

昨夜のうちに魔法瓶でもらっておいたお湯で顔を洗い、服を着込む。階下の居間兼台所に降りて、薪が暖かく燃えるストーブのそばで、ティリック・トゥポとチャイを朝食にさっといただく。すぐに部屋に戻り、カメラとレンズ、メモリーカード、バッテリー、三脚などをチェックして、カメラザックに詰め、撮影に出かける支度を整える。

毎朝、八時半から九時頃に、スキャナーのソナム・ノルブーは僕が滞在している部屋にやってきて、「ジュレー、タカ・サー！」と陽気に挨拶してから、その日の朝の時点での状況を報告してくれる。天候が大丈夫で、雪豹をはじめとする撮影対象の野生動物たちの所在が確認できていたら、相談の上、一緒に撮影に出かける。それが、僕とソナムとの間の取り決めになっていた。

まあ、今朝は雪が降った直後だし、そんなに急ぐ必要もないだろう……と、のんびり支度をしていると、廊下を駆ける足音と、コッコッコッ、とノックする音がした。扉を開けると、ソナムが肩で息をしながら、興奮した口調で言った。

「……雪豹の双子が……アイベックスを仕留めた！　ヤクモルにいる！　すごく近い場所にいるって！」

「えっ、ほんとに？　何てこった！」

「だから、急ごう！　……荷物を貸して！」

あわててカメラザックを用意してソナムに任せ、スノーブーツを履き、あたふたと出かける。外の石段にも、道路にも、雪はしっかりと積もっていて、シャベルを手にした村の女性たちが、あちこちで雪かきに精を出している。空は、薄灰色の雲に覆われている。風はほとんどなく、大気は清冽に澄み切っていた。雪が、埃っぽい地表を覆っているからだろうか。

「今日は、モバイル（携帯電話）の電波が不通なんだ」道に積もった雪の上を早足に歩きながら、ソナムがぼやいた。「このトランシーバーで連絡を取れって言われてるんだけど、これも、通じたり通じなかったりで……」

そう言って彼が見せてくれたトランシーバーは、何度スイッチを押してもザザッとノイズが出るばかりで、あまり役に立ちそうにない。

「……雪豹たちがいる場所は、昨日より、だいぶ南なんだよね？」

「うん。道路からかなり近い場所にいるって、聞いたんだけど……」

ソナムに連れられるまま、村人がヤクモルと呼ぶそのスポットを目指して歩いていく。でも、そこに近づくにつれ、ソナム自身も次第に首を傾げはじめた。

「ソナム、僕らのほかには、誰も現場に向かっていないね……」

「だよね……おかしいな……あ、あそこに人がいる！　おーい！」

雪道を反対方向から歩いてきた三人のスキャナーの方に駆けて行って、ひとしきり話をしたソナムは、僕の方に戻ってきながら手を振り、「ヤクモルには今、雪豹もアイベックスも、何もいないって……」と言った。

どうやら、彼ら四人のスキャナーたちは、誰か別のスキャナーがトランシーバーで言いふらした嘘の情報に、まんまと騙されてしまったらしい。

「モバイルが使えてたら、あんな嘘、絶対、引っかからなかったのに……！」と、くやしそうなソナム。言いふらした側は、まだ若いソナムたちに対する軽い冗談のつもりだったのだろうが、おかげで僕たちは、朝から一時間も余計に、雪の中を歩かされてしまった。

キッバルの近くで雪豹が出没することの多いスポットは、北から、チッチム・ブリッジ、スードゥン、ヤクモル、とそれぞれ呼ばれている。いずれも、キッバルとチッチムの間に横たわる、深い峡谷に沿った場所だ。特に、スードゥンと呼ばれる一帯は、峡谷の幅がかなり狭く、逆S字型に湾曲している。断崖は垂直かそれ以上に急峻で危なっかしいのだが、雪豹の位置によっては、峡谷で隔てられていながらも、かなりの至近距離で撮影できる可能性がある、狙い目の場所でもある。

この日、雪豹の双子が見つかったのは、スードゥンの北の端で、それほど至近距離ではないものの、昨日のチッチム・ブリッジ付近の居場所よりはずっと近かった。峡谷は、北から西へと大きく曲がっていて、垂直の断崖に斜めに走る太い地層とそこに積もった雪が、白と焦茶の縞模様を作り出していた。キッバル側の道路沿いには、今朝の誰かの嘘には引っかからなかったグループの撮影者たちが十数人、すでにカメラと三脚を据えて立ち並んでいた。僕たちは、例によって彼らより少し離れた低い場所を選び、機材の準備を始めた。

「……ソナム、双子はどこ?」

「えっと……あそこだ！　あの、岩の下のところ。見える?」

ソナムが指し示した方向にレンズを向け、ファインダーを覗き込む。……いた。地層の段差が生み出した岩の庇（ひさし）の下で、互いの身体に顎を乗せるようにして、身を寄せ合っている。一頭はずっと眠っているが、もう一頭は時々起きて、頭をもたげ、悠然と周囲を見回している。峡谷の対岸にいる僕たち人間を、ちょっとうざいなあ、と思いながら眺めているのかもしれない。

空からまた、ちら、ちら、と雪が舞いはじめた。そのうち止むかなと思っていたのだが、逆に雪はその量を増し、対岸の断崖の地層も、白く霞んで見えるようになった。上着の肩に、カメラのレインカバーに、雪が積もりはじめる。こうなると、さすがに遠距離での撮影は難しい。ほかの撮影者たちのグループも、帰り支度を始めている。

「ソナム、今日はもう、無理かもね……」

「だね。雪はこれから、まだまだ降ると思う……」

降りしきる雪の中、岩の庇の下で眠りこける雪豹たちを残して、僕たちは荷物をまとめ、村へと続く上り坂を歩きはじめた。

「……タカ・サー。そういえば今日、村のゴンパで、セレモニーがあるよ」

「何の？」

「雪がなかなか降らなかった時、村の人たちが、キー・ゴンパに雪乞いの祈祷をお願いしに行ったんだ。で、昨日の夜、まとまった雪が降りはじめたから、村の人たちがお礼をしに行っていて。その人たちが戻ってくる時、村の女の人たちが、感謝の出迎えをするんだよ」

「へえー。それは見てみたいな」

「じゃあ、午後、その時間になったら、また部屋に迎えに行くよ」

滞在先の部屋に戻り、しばらく休憩している間にも、雪はしんしんと、絶え間なく降り続いた。朝のうちの村人たちの雪かき作業も、すっかり無駄になってしまうほどに。僕は、カメラ一台だけをショルダーバッグに入れて用意し、また迎えに来てくれたソナムとともに、村のゴンパへと向かった。

村の北の高台、南向きの斜面に連なる家並をぐるりと一望できる場所に、キッバルの村のゴンパはあった。建物自体は、最近になって建てられた、ごく新しいものだ。本堂の内部は、さまざまな姿の諸尊を描いた、色鮮やかな壁画で彩られていた。普段、僧侶はごくわずかしかいないようだ。

雪の積もった道を辿って、一人、また一人と、村の女性たちが集まってきた。全部で、二、三十人は集まっただろうか。臙脂色の長衣をまとっている人。その上に鮮やかな緑のマントを羽織っている人。トルコ石をびっしりちりばめた頭飾りを肩掛けにしている人もいる。比較的年配の人が多いが、中には、まだ小さい赤ん坊を布にくるんでおぶっている若い女性や、母親に連れてこられたらしい、十代半ばの女の子もいる。

鮮やかな緑の帽子とマント、幾重もの首飾りと、肩掛けにしたトルコ石でおめかししたその若い女の子の写真を撮ってやれと、周囲のおばちゃんたちに、やいのやいのと促される。「ご、ごめんね、すぐ終わるから！」と言いながら、ささっと撮らせてもらったのだが、女の子はよほど恥ずかしかったらしく、撮影が終わったとたん、くるりと身を翻して、人混みの奥に隠れてしまった。

女性たちはしばらくの間、ゴンパの建物の庇の下で雪を避けながら、いつ果てるともしれないおしゃべりを続けていた。やがて、キー・ゴンパからの到着の報せが届いたのか、女性たちは敷地の外に移動して、道路沿いにずらりと立ち並んだ。それぞれの手には、儀礼用の白絹のスカーフ、カタが握られている。

タイヤにチェーンをつけた白い車が到着し、男性が二人降りた。一人は、カタが巻かれたダンボール箱を大事そうに両手で抱えている。ゴンパに向かって歩いていく二人を、沿道の女性たちは、宙にカタを捧げ、頭を下げながら出迎える。私どもの願いを聞き入れ、雪を降らせてくださって、本当に感謝に堪えません——女性たちのそうした無垢な思いが、一人ひとりの表情やしぐさから滲み出ているように見えた。

沿道での出迎えが終わると、村の女性たちは、再びにぎやかなおしゃべりを繰り広げながらゴンパに戻り、庇の下に集まった。まるで歌のようになめらかな節回しで仏教のマントラ（真言）を唱えながら、ナッツや干し葡萄とともに甘く炊いた米を紙コップで小分けにして、集まった人々にふるまっている。雪はずっと降り続いていて、じっとしていられないほど寒かったが、マントラを唱え続ける女性たちはみな、ほっとしたような表情で、朗らかな笑みを浮かべていた。

雪は、この土地の、すべての生きとし生けるものたちの命を支えている。

キッバルで僕が滞在させてもらっている家は、ナムギャル・ホームステイと呼ばれている。その名を記した看板などがあるわけではなく、ララ・ツェリンをはじめとする旅行会社の関係者などからそう呼ばれているだけで、要は、ナムギャルさんとその家族がホームステイの客を受け入れている家、という意味なのだが。

南に面した斜面に建てられているその家は、一階と二階にそれぞれ入口があり、集落を貫く車道からは、二階の入口の方が近かった。黒い縁取りの平たい屋根と、白く塗られた壁。窓枠の縁取りに明るい青が使われているのが、スピティの民家の特徴だ。二階には、旅行会社の関係者などが雑魚寝に使う広めの応接間が一つと、泊まり客用の部屋が四つ。入口の反対側の突き当たりに、高床式のトイレがしつらえられている。

僕が使わせてもらっている部屋は、広くはないが一人には十分すぎる大きさで、南に面した窓と大きめのベッド、煙突付きの小ぶりなストーブ、それと縦長で床置きの電気ヒーターが用意されていた。部屋にいる時、僕はほぼずっと、ベッドの上で寝袋と毛布にくるまり、頼りない速度のネット回線でつながるノートパソコンをいじったり、分厚い文庫本の小説を読んだりしていた。

建物の一階は、家の人たちの居住スペースで、広い居間兼台所と、そこに隣接している家族の寝室と洗面所、物置などがあった。大きな鉄製の煙突付きストーブには、ほぼいつも火が暖かく燃えていて、マットレスとチベット風の分厚い絨毯が壁際に沿って敷かれていた。家の人たちはここで、朝と晩の食事のほか、僕が撮影に出ずに部屋にいる時は昼食も作ってくれたし、時にはチャイを淹れて、ビスケットと一緒に二階の部屋に持ってきてくれたりもした。

僕がキッバルでこの家に泊まりはじめた時、主のツェリン・ナムギャルは村を留守にしていて、妻のタシ・ザンモが家事を切り盛りしていた。畑仕事や家畜の世話を苦もなくこなせる頑丈な身体を持ち、その朴訥(ぼくとつ)な表情は、いつも目を細めて微笑んでいるように見える。「ザンモおばさんは、すごくおしゃべりでしょ?」とソナムは笑っていたが、彼女は英語がまったく話せないにもかかわらず、スピティ語と身振り手振りだけで、あれこれぐいぐいと僕にプッシュしてくる。「部屋は寒くないかい？　ストーブに火を入れたげようか？　チャイはどうだい？　ビスケットもあるよ！　今夜は何が食べたい？　酒も飲むかい？　遠慮すんなって、あたしも飲むんだからさ！」そのあっけらかんとした気兼ねのなさは、清々しく感じられるほどだった。

娘のタンジン・パルモは、村の別の家に嫁いでいるが、人手が足りない時にはよく手伝いに来ていた。彼女は英語が話せるので、細かいリクエストをしたり、何かわからないことがあったりする時には、主に彼女に訊くようにしていた。身のこなしがしなやかで、顔もつるっとした肌の童顔なので、かなり若く見えるのだが、実はすでに三人の子持ち。上の二人は村の外にある寄宿学校で学んでいるという。家事は何でもテキパキとこなし、性格はドライなほどにサバサバしていて、僕に対する物言いも、まったく遠慮がない。「あんた、そのダール、おかわりする？　いるの、いらないの、どっち？」裏表のない性格は、母親のザンモおばさん譲りなのだと思う。

パルモの末娘のタンジン・ノルキーは、まだ二歳。大きな黒目がちの瞳と、ほぼ坊主頭に見えるほどまだ薄い髪の彼女は、居間にいる時はいつも、パルモのスマートフォンにインストールされている子供向けアプリで、取り憑かれたように遊んでいる。良い悪いは別として、どこの国の子育てにも、同じような現象が起きているのだなと感じる。

外国人に会うのは初めてではないはずだが、ノルキーはなぜか僕のことを、異様なほどに警戒していた。たとえば、ザンモおばさんやパルモが物置に何かを取りに行ったりして、ほんのいっとき、居間で僕とノルキーが二人きりになったりすると、彼女はそれだけで、火がついたように泣き出してしまうのだ。どうしてそんなに僕を恐れるようになったのか、正直、まったくわからない。


翌朝は、空に一片の雲も浮かんでいない、快晴だった。

今日晴れたら、午前中の間、車を一台手配してほしいと、ソナムを通じてララに頼んでおいたのだが、ドアをノックする音とともに現れたのは、車のキーホルダーを手でくるくると弄(もてあそ)んでいるソナムだった。

「……え？　今日の車、ソナムが運転するの？」

「そうだよ！」いつも以上にご機嫌な調子で、ソナムが答える。「ララの小さい車を借りてきた。運転には、ちょっと自信があるんだ！」

二人で連れだって外に出て、村の小さな駐車場に停めてあった、ララ所有の中古の小型車に乗り込む。タイヤには、チェーンを巻いてあるようにも見えなかったが、大丈夫だろうか。

「ドライブには、音楽がなきゃね！」

そう言いながら、自分のスマートフォンをいそいそとケーブルでカーステレオにつなぐソナム。プレイリストには、洋楽が多いようだ。音の割れたスピーカーから聴こえはじめたのは、ジャスティン・ビーバーだろうか。

「ソナムは、こういう音楽が好きなんだね。ほかには、何に興味があるの？」

「日本のアニメは大好きだよ！　『ナルト』は全部観た！　『ワンピース』も、そろそろクライマックスだよね？」

トロトロと走り出した車は、集落の出口にある上り坂をどうにか越え、曲がりくねった細い道路を下っていく。路面はところどころ、中途半端に車に踏み固められて、半分凍りついた雪に覆われている。うっかりタイヤを滑らせてしまうと、崖っぷちから飛び出してしまいかねない。

「ひゅーっ！　こえー！　タカ・サー、さっきのとこは、まじでやばかったね！」

「頼んだよ……ゆっくりでいいから、慎重に行こう……」

「任せといて！　やっぱ、運転は楽しいなあー！」

僕たちが車で目指しているのは、キー・ゴンパという僧院だ。キッバルからは南に七キロほどの場所にあり、標高はキッバルより五、六百メートルほど低い。岩山に屹立するその勇壮な姿と周囲の景観は、スピティを象徴する風景の一つとして広く知られている。僕自身、ここは何度か訪れたことがあったが、周囲が一面の雪に覆われたキー・ゴンパの姿は、まだ見たことがなかった。その写真を撮るなら、雪が降った後、最初の晴天の日の朝。午後になると、地表の雪が強い日射しで解けはじめてしまう。それで僕は、朝のうちに車を手配してほしいとララに頼んだのだった。

危なっかしい路面に時々肝を冷やしながらも、ソナムが運転してくれた車は、どうにかキー・ゴンパに辿り着いた。閑散とした駐車場に車を停め、僧院のはずれ、南東の斜面へと歩いていく。斜面には雪が分厚く積もっていたが、ソナムのおかげで、上へと続いていく細いトレイルを何とか見つけることができた。

「タカ・サー、ここから、まだ登っていくの？」

「まだまだ。もう少し上まで行くと、眺めのいい場所があるんだ……」

僧院が建つ岩山の頂上より少し高い位置まで斜面を登ったところで、僕たちは足を止め、来た方向をふりかえった。思い描いていた通り、いや、それ以上の光景が広がっていた。

ブリューゲルが描いたバベルの塔の絵画のような佇まいで、円錐状の岩山にひしめく、キー・ゴンパの僧坊群。麓からスピティ川にかけては、キーの村の畑地が網目模様に広がる。それらの畑地も、川の対岸に連なる山々も、周囲の風景はすべて、真っ白に輝く雪に覆われていた。その上には、海を思わせるほど深い紺碧に澄みわたった、冬の空があった。

「おおー、ここは……確かにすごいね！」

ソナムはそう言いながら自分のスマートフォンを取り出し、さっそくパシャパシャと写真を撮りはじめた。僕もカメラザックから自分のカメラを出し、思いつくかぎりの構図を試しながら、何度もシャッターを切った。

キー・ゴンパの創建の由来は、定かではない。十一世紀頃に、この地にカダム派の僧院が建てられたのが始まりとも伝えられている。十七世紀頃には、キー・ゴンパはゲルク派の僧院としてこの地で機能していたと言われているが、十九世紀にはジャンムーのドグラ軍の侵攻によって、僧院は壊滅的な被害を受けてしまう。その後も地震や火災などによって、キー・ゴンパは破壊と再生を何度もくりかえしてきた。現在の僧院の建物の大半は、比較的最近になって再建されたものだという。

「ビューティフル……」ソナムがまた呟く。

「ほんとにね。ありがとう、わざわざここまで連れてきてくれて」

「お安い御用だよ。ドライブは楽しかったし。タカ・サー、この後、キッバルに戻ったら、どうする？　雪豹の双子は、今日はチッチム・ブリッジにいるらしいよ」

「そうなんだ。じゃあ、そろそろ戻ろうか。運転、またよろしく頼むよ」

僕たちは雪の斜面を歩いて下って、駐車場で再び車に乗り込むと、ソナムのお気に入りの曲を聴きながらのご機嫌な運転で、曲がりくねった山道を上って、キッバルへと向かった。ずっと急な下りだった往路とは違って、復路は上り坂の分、そこまで怖い思いをせずにすんだ。

キッバルの集落には戻らず、村はずれの車道を通って、チッチム・ブリッジに直接行く。橋の手前の道路脇には、すでに何台もの車が停まっていて、大勢の撮影者たちが道路沿いに鈴なりになっていた。

「今日はまた、一段と人が多いねえ……」車を降りて歩きながら、思わず呟く。

「タカ・サー、あのカメラの列に加わる必要はないよ。そこの手前の斜面を少し降りたところの方が、谷の南の方まで見渡せるし、いいと思う」

ソナムはそう言いながら、今回もよさげな場所に僕を案内してくれた。伝い降りる斜面はちょっときわどい感じだが、その下には、三脚を据えるのに十分な広さと角度を確保できる窪みがある。

「雪豹たちは……今日は、あそこか……」

対岸にそびえる巨大な断崖の、やや上の方にある岩棚で、ひなたぼっこをしながらのんびりと寝そべっている、雪豹の双子の姿が見えた。今日はそこまで寒くないからか、今まで以上にくつろいでいるように見える。ぬーっ、と身体を反らせて伸びをして、片方が大きなあくびをすると、もう片方もつられたようにあくびをする。

ジャングルに棲む豹は、細身でしなやかな胴体とすらりとした四肢を持っているが、雪豹はどちらかというと、ややずんぐりとした体型で、毛もふさふさ。四肢は短めでがっしりと太く、岩場での移動時にバランスを取る役割を担う尻尾は、身体と同じくらい長い。標高の高い山岳地帯での暮らしに適応した結果なのだろうが、彼らの姿やしぐさの一つひとつを、カメラのファインダーを通じて眺めれば眺めるほど……獰猛な大型肉食獣というより、猫のように見えてきてしまう。本当に、見れば見るほど、猫っぽい。

空はあいかわらず快晴だったが、午後になると、風が強まってきた。恐ろしく冷たい。風に晒されるだけで、体感温度が急激に下がるのを感じる。地表に積もって凍りついた雪が風に煽られ、細かな氷の礫がビシビシと飛んでくる。顔に当たると痛くてたまらないので、顔を風下にそむけ、手で遮りながら耐える。

「……タカ・サー！　動きはじめた！」

ソナムの声に、氷の礫の痛さに耐えながら、雲台を調節してカメラを構え直す。峡谷を縦横無尽に駆け回っていたこの間とは違って、今日の彼らは、断崖を左右に走る地層の襞に沿って、ゆっくりと南へ歩きはじめた。時々立ち止まって、何かの気配を探すように周囲を見回し、お互いの位置を確かめるように見つめ合ってから、また歩き出す。

彼らが一頭のアイベックスを仕留めてから、一週間ほど経つ。まだ、腹ぺこにまではなっていないだろうが、そろそろ次の獲物を探す気になっているのかもしれない。

やがて二頭は、断崖の上のなだらかな斜面にまで上がり、何度か揃って立ち止まって周囲を見回しながら、日の当たる稜線の向こう側に、ゆっくりと歩み去っていった。

雪はその翌日から、丸二日の間、降り続けた。

HP 41 2403

狩る者、狩られる者

キッバルのナムギャル・ホームステイでの食事は、ザンモおばさんと、人手が足りない時は娘のタンジン・パルモが手伝いに来て作ってくれていた。

冬のスピティでは、手に入る食材にも限りがある。食事の種類も、それほど多くはなかった。緑豆やレンズ豆、インゲン豆などを煮込んで作るダール（豆のカレー）。スピティで広く栽培されているマタル（グリーンピース）や、冬の間は土に埋めて保存できるジャガイモや人参などを使ったサブジ（スパイス炒め煮）。陸路ではるばる運ばれてくる、カリフラワーやオクラなどを使った料理も、時々出た。

肉を使った料理にありつけるのは、三、四日に一回程度だった。骨付き鶏肉のカレーが多かったが、たまに、羊肉やヤク肉のカレーが出されることもあった。夏に比べると野菜が乏しくなる冬の間は、栄養をつけるために、肉を食べる割合が多くなるのだそうだ。冬の間は、肉を保管するのに冷凍庫はいらない。布かビニール袋で適当にくるんで納屋に置いておけば、寒さでしぜんと凍ってしまうのだという。

主食の炭水化物は、標高が高いので圧力鍋で炊く米飯や、小麦粉を練って伸ばして焼くロティ、ティモと呼ばれる蒸しパンなどが、順繰りに出された。肉や野菜を餡にして、小麦粉の生地で包んだチベット風の蒸し餃子、モモは、僕以外に親戚や泊まり客などがいる時に出されるごちそうだった。どの料理もおいしかったけれど、やはり時々、新鮮な野菜や果物が恋しくなるのは、身体がビタミンを欲していたからだろうか。

とにかく毎日、意識して、たくさん、がつがつ食べるようにしていた。でないと、とてもじゃないが、身体がもたない。雪豹などの野生動物の撮影に取り組む日は、昼の間、ずっと屋外にいるので、それだけで寒さに体力を刻々と削り取られていくような感覚があった。

この土地の冬は、本当に厳しい。現地のスピティ人でも、しょっちゅう風邪をひくという。僕が泊めてもらっていたこの家の家族も、最初にパルモ、次にザンモおばさんが風邪をひき、どちらも喉ががらがらに枯れて、何を言ってるのか聞き取れないほどのハスキーボイスになってしまっていた。


丸二日、降り続いた雪は、たっぷり数十センチほど積もった。ようやく晴れた日の朝、キッバルの村では大勢の村人たちが、家の屋根や玄関、階段などの雪かきに再びいそしんでいた。集落の中を貫く車道も、足を踏み入れると膝下までめり込むほどの雪に埋もれていた。固く凍った地表が現れていない分、スノーブーツを履いてさえいれば、前より少し歩きやすい。

「タカ・サー。雪豹の居場所はまだわからないんだけど、アイベックスの大きな群れが、村のすぐ近くまで来てるんだ。撮りに行く？」

そう言って迎えに来てくれたソナム・ノルブーと一緒に、僕は深い雪の中をえっちらおっちら三十分ほど歩いて、スードゥンとチッチム・ブリッジの中間のあたりに向かった。峡谷の手前側、車道からほど近いところに、白い雪に覆われた、波打つように連なる斜面がある。そこに、大小合わせて二十数頭のアイベックスの群れがいた。

アイベックスは、野生の山羊の一種だ。年齢により体格差はあるが、成獣の雄のアイベックスの体高は、一メートル以上にもなる。濃淡のある褐色の毛並みをした胴体は太くずんぐりしていて、四肢もそれほど長くはないが、そうした見た目に反して、急峻な岩場でも苦もなくひょいひょいと歩き回れる身軽さと平衡感覚を持っている。とりわけ目につくのは、巨大な角だ。雌や若い雄はそれほどでもないが、年齢を重ねた雄は、自らの背中に突き刺さるのではないかと思えるほど、長く反り返った二本の角を持つ。発情期になると、お目当ての雌の心を射止めるため、雄たちはその長い角を真正面からぶつけあって戦う。現に、僕たちの目の前のアイベックスの群れの中でも、若い二頭の雄同士が睨み合い、カツン！　ガツン！　と角をぶつけあっている。

「大きな雄が四頭に……雌と若い雄が十数頭。あとは子供、という感じかな」と僕。

「そうだね」ソナムがうなずく。「一昨日と昨日、雪がたくさん降ったから、山の上の方から降りてきたんだよ」

アイベックスたちは、雪の斜面を少しずつ移動しながら、雪の中に鼻面を突っ込んでは、埋もれている枯れ色の草をもぐもぐと噛んでいる。確かに、雪がこれ以上深くなると、ああして雪を掘って草を探すのも、ままならなくなるのだろう。ソナムの説明にも納得がいく。

「タカ・サー。あの子たち、これから北に移動していくと思うんだ。少し先回りしておこうよ。その方が、いい位置で写真を撮れると思う」

「なるほど、そうかもしれないね」

ソナムのアドバイスに従って、僕たちは雪の斜面を北に移動して、三脚とカメラを据え直し、アイベックスたちが斜面を越えてくるのを待った。ゆっくりと白い稜線を踏み越えてきた彼らは、思いがけないほど、すぐそばにまで近づいてきた。望遠レンズだと、距離が近すぎるくらいに。こちらが不用意な動きさえしなければ、まったく逃げもしない。人間と用心深く距離を保とうとする雪豹とは、かなり違う。

「……ソナムの読み通りだったね。ありがとう」

僕が小声でそう言うと、ソナムは少し照れながら、自分のスマートフォンを取り出し、アイベックスたちの動画を撮りはじめた。あとで、自分のSNSにアップしたり、ガールフレンドに送ったりするのだろう。

まだおぼつかない足取りで雪の斜面を登り、短い鼻面を雪に突っ込んで草をかじる、子供のアイベックスたち。大柄な雄たちは、南に面した急斜面に身体を横たえ、大きな角のある頭をもたげ、群れの仲間たちを悠然と眺めている。美しい動物だな、と素直に思う。

スマートフォンを懐にしまい、アイベックスたちを眺めながら、ソナムが呟く。

「冬にキッバルに来る人たちは、みんな、雪豹にばかり気を取られてるけど……ほかの動物も見てほしいんだよね。アイベックスはかっこいいし、ブルーシープや、狐や、狼もいるし……」

雪に埋もれた草を食べながら歩いていたアイベックスたちは、やがて、カメラを構えている僕たちの都合などどうでもいいとばかりに、さらに急峻な斜面の向こう側へ、悠々と歩き去っていった。


アイベックスの群れの撮影を終え、キッバルに戻った後の夕方、僕は一人で、村とその周辺を歩き回った。

先週までの土気色の風景が嘘のように、世界は、白く深い雪に覆われていた。作業が一段落したのか、雪かきをしている村人の姿は、今は見えない。平たい屋根を戴いた、箱型の家々。ラトゥー(祭壇)に挿してある木の枝が、氷の彫刻のようにすっかり凍りついている。集落の入口にある仏塔から張り巡らされた祈祷旗が、夕刻の冷たい風にはためく。十代半ばくらいの女の子が二人、明らかにもっと小さい子供向けのソリに交互に坐って、きゃあきゃあ言いながら滑って遊んでいる。

この村には思いのほか、犬が多い。どの犬も、ふさふさと長い黒や褐色の毛並みを持ち、人なつこく、むやみに吠えたりもしない。よく見ると、ほとんどの犬の耳たぶに、プラスチック製のタグが付けられている。野生動物保護区の中にある村だけあって、犬たちもそれなりに管理されているようだ。集落に近づきすぎた狐やアイベックスに吠えかかったりすることはあるらしいが、雪豹や狼が村の中に入ってこないのは、この犬たちのおかげでもあるのだろう。

集落の北側に出ると、深い峡谷に隔てられた先に、青空と、雪に白く覆われたチッチムの村の全景が見えた。その南の山の端に、太陽が早々と沈んでいく。大気があまりにも澄み切っているからか、空は、夕焼けの茜色に染まる気配すらなかった。

雪が止んでから、三日後。行方がわからなくなっていた雪豹の双子が、再びキッバルの近くに現れた。

朝、積もった雪がまだ残る中を、ソナムとともに大急ぎで歩いて、スードゥンへと向かう。今日の双子の居場所は、湾曲した峡谷が狭まり、両岸が垂直に百メートル以上も切れ落ちた断崖になっている谷の底だ。崖っぷちから恐々と下を覗くと、はるか下の岩の上に、ちらりと雪豹たちの姿が見えた。二頭とも、身体を丸めて眠っている。

「元気そうだね。あいかわらず、よく寝るなあ……」と僕。

「……でも、たぶん今は、かなり腹が減ってると思う。前にアイベックスを仕留めてから、もう十日以上経ってるしね」

ソナムの言う通りだ。そろそろ、何か動きがあるかもしれない。

下を少し覗こうとするだけで足が震えてすくむほどの断崖なのに、ほかのグループの撮影者たちも次々に集まってきていて、危なっかしい。僕とソナムは、少し束に離れた崖の突端に移動して、そこに三脚を据えた。谷底の雪豹たちに合わせて固定したカメラのレンズは、ほぼ真下を向いている。すぐ近くに大きな平たい岩があったので、そこに腰を下ろして、雪豹たちが動き出すのを気長に待つことにした。

ララ・ツェリンが手配したらしい別のグループから、昼食のオクラのスパイス炒めとロティを、ソナムがお裾分けしてもらってきてくれた。冷たくなっているが、味は悪くない。もそもそとそれを食べていると、別のグループのスキャナーが一人、僕たちのところにやってきた。まだ若い。ソナムよりかなり大柄で、ニットキャップをかぶった丸い頭の下で、細い目がいたずらっぽく光っている。

「……俺とソナムは、子供の頃から、この村の学校で一緒だったんだ」と彼は言う。「こいつ、全っ然、勉強ができなくってさ！　いつも先生に怒られてた。でも、絵を描くのだけは上手くてね。それで、シムラーにある美大に進学できたんだよ。うまいことやったよなあ、おい！」

そう言ってからかう彼の肩口を、ソナムは苦笑いしながら、ごつん、とこづいた。僕たち三人は、めいめいオクラをロティでくるんでは頬張り、小さなステンレス製のコップでチャイをすすった。今日はよく晴れていて、風もないので、待つのは楽だ。雪に反射する日射しで、顔の日焼けはすごいことになりそうだが。

「……タカ・サー！　双子が、動きはじめた！」

あわててカメラに駆け寄り、ファインダーを覗き込む。向こう側の断崖の地層を、するりするりと登りはじめた、雪豹たちの背中が見える。あいかわらずの見事な保護色で、ちょっと油断して目を離すと、すぐに見失ってしまいそうだ。

雪豹の双子は、僕たちが立っている断崖の上とほとんど同じ高さまでジグザグに登ってくると、地層が作り出した岩の襞に沿って、南へと歩きはじめた。時折立ち止まって、周囲を見回しながら、匂い、あるいは音を、感じ取ろうとするようなしぐさを見せる。

「どこに行くんだろう……」

「探してるんじゃないかな、アイベックスを」双眼鏡を覗きながら、ソナムが言う。

「この近くに今、アイベックスの群れはいるの？」

「ずっと南、ヤクモルの手前のあたりに、いたと思う。あそこに見える崖の端の、もっと向こう側に。でも今、何頭かは、ばらけて別の場所にいるかも……」

対岸の地層に沿って谷伝いに歩いていく雪豹の双子に合わせて、僕たちもあたふたと二度、場所を移動した。三脚を畳む余裕がないので、伸ばしたまま脇に抱えて、雪の上を走らなければならなかった。それなりに高度順応できているとはいえ、標高四千二百メートルのこの土地では、少し走っただけで、ぜいぜいと息が切れてしまう。雪が積もった崖っぷちの岩場を移動するのにも、うっかり転んだりしないように神経を使う。

雪豹たちはさらに南に進み、崖から少し登ると、雪に覆われた小高い丘の上に並んで坐った。ほかの動物たちの気配を探るように、周囲を見回している。

「……見て、タカ・サー。雪豹たちがいる丘から少し北の、あそこに一頭、その下にもう一頭、アイベックスが歩いてる……」

ソナムが指さす先を見ると、確かに、別々の場所にいる二頭のアイベックスの姿が見えた。どちらもまだ若い。雪が積もる丘と斜面で隔てられているとはいえ、雪豹たちとの距離は、ほんの二、三百メートルほどしかないようだ。

「ほんとだ！　結構近いね……！」

「南にいる大きな群れに合流するつもりなんだろうけど、このまま斜面を歩いてくと、雪豹たちに捕まっちゃうかも」

雪豹の双子は、雪の上に残っていたアイベックスの足跡を見つけて、この丘の上に陣取っていれば、そのうちアイベックスが近づいてくるはず、と予測したのかもしれない。だが、二頭のアイベックスはそれぞれ、雪豹が丘の上で待ち伏せていることを敏感に察知していたようだ。少しずつ進んでは立ち止まり、様子を伺いながら、雪豹たちの坐っている丘を下手から大きく迂回していく。

「……雪豹たちは、気づいてないのかな？」

「かも、しれないね……」

垂直に切り立った断崖の地層を慎重に伝い歩いて、やがて二頭のアイベックスは、危険地帯を抜け出し、群れのいる方に戻ることに成功した。雪豹の双子は、新たな獲物にありつけるかもしれなかった、絶好の機会を逃してしまった。

「どうなるかと思ったけど、アイベックスたち、切り抜けたなあ……」

「ここからは見えないけど、あの斜面の向こう側に、アイベックスの群れが寝ぐらにしている岩陰があるんだ。雪豹たちも、このあたりに居続ければ、そのうちアイベックスを見つけられると、わかってるのかもね……」

はるか対岸から見守っているだけで感じる、ひりつくような緊張感。今夜、そして明日、雪豹とアイベックスは、どんな運命を辿るのだろう。


翌朝、僕とソナムは、再びスードゥンへと徒歩で直行した。

「……昨日の夜は、何か動きがあったの？」

「今のところ、雪豹がアイベックスを仕留めたという情報は、まだ入ってないよ」

「じゃあ、これから、なのかな……」

車道を離れ、雪に覆われた丘を越え、少し南へと下る。湾曲した川に沿って、半島のように突き出している台地がある。川の左右は、ここも垂直かそれ以上の角度で切れ落ちた断崖になっていて、谷底までの落差も百メートル近くはある。

この日の雪豹の双子の寝ぐらは、今まで見てきた中でも、一番近かった。スードゥンの一帯でも峡谷の幅がとりわけ狭い場所で、対岸にいる雪豹たちの居場所と僕たちのいる台地との高低差も、ほとんどない。こちら側との距離は、ほんの七、八十メートルほどだ。うっかり大きな音をたてて脅かしてしまわないように、慎重に行動しなければならない。

雪豹の双子は今日もまた、地層が作り出した岩棚の奥で、丸めた身体を寄せ合っていた。眠ってはいないようだ。時折、代わるがわる頭を起こして、対岸にいる僕たちの様子を見つめている。

「アイベックスの群れが、あそこまで来てるね……」とソナム。

雪豹たちのいる岩襞から、南に離れた上方の雪の斜面に、アイベックスたちの姿が、黒く点々と散らばっているのが見える。大小合わせて、十数頭はいるだろうか。付かず離れずの距離を保ちながら、少し歩いては鼻面を雪に埋め、枯れ草を食べている。群れ全体が、じりじりと北に移動しつつある。

雪豹たちも、午前中のうちに動きはじめた。大きく伸びをして身体を起こし、寝ぐらにしていた岩棚を離れ、下の地層の襞に沿って、南へ。こちらもカメラと三脚とザックを抱え、崖っぷち沿いを小走りに移動しながら、雪豹たちがのしのしと歩くさまを写真に撮っていく。

僕たちが半島状の台地の突端にまで行き着いた頃、雪豹の双子は地層の襞から上に登って、断崖の上に広がる雪の斜面に出た。日射しを反射して眩く輝く雪原に佇む、長い尻尾を持つ二頭の姿。そこから、さらに二、三百メートルほど上に離れたところに、アイベックスの群れがいる。

雪豹の双子と、アイベックスの群れとの間を遮るものは、何もない。どちらも、相手の存在に気づいているはずだ。

しかし、アイベックスたちは、二頭の雪豹の姿を目にしても、さほど動揺しているようには見えない。彼らがいる雪の斜面は、かなりの角度がある。これだけの高低差があれば、雪豹たちに迫られても逃げ切れる、と踏んでいるのだろう。

雪豹たちは低く身を屈め、それぞれ別々の位置から、じりじりと少しずつ、アイベックスの群れとの距離を縮めていく。一頭は、群れの左下から。もう一頭は、下からやや右寄りに動きながら。群れとの距離は……今は、百メートルほどだろうか。高低差を考えると、それでもかなり遠い。アイベックスたちに、逃げるそぶりはまだない。雪豹たちも、さすがに、あの不利な位置から仕掛けはしないだろう……。

……と、思っていたら。

突然、雪豹たちは、ダダダダッ！　と雪の斜面を駆け上がりはじめた。二頭の灰色の影が、雪煙を巻き上げながら、凄まじい速度でアイベックスの群れに迫る。

「……ええっ！」

「まさか、あそこから行くの？」

雪豹たちが狙いを定めたのは、群れの下手の方にいた、数頭の若いアイベックスたちだった。双子の片方が、左下から時計回りにぐるりと回り込むようにして、群れを追い立てていく。もう片方は、下から右へと回って、逃げる数頭を追い込んでいく。二頭で、挟み撃ちを狙っているのだ。

だが、アイベックスたちの反応も早かった。それぞれ別々の方向に散り散りになりながら、雪を蹴散らし、宙を飛ぶように駆けていく。雪豹たちのダッシュも猛烈に速かったが、それほど長くは速度を維持できなかったようだ。アイベックスたちはより長い距離を、速度を保ったまま、一目散に逃げていく……。

雪豹の双子の狩は、失敗に終わった。

「あの位置から、丸見えの状態で突っ込んでもなあ……」と僕。

「まだ、二頭とも若いからね」ソナムが苦笑する。「あの子たちの母親がまだ生きてたら、狩の仕方も、もっと教われたと思うけど」

首尾よく逃げおおせたアイベックスたちは、斜面のさらに上の方にまで移動しながら、少しずつ再集結を始めた。崖っぷちの方までアイベックスを追いかけていた雪豹たちは、勢い余って稜線の背後にまで行ってしまったのか、姿が見えなくなった。大丈夫だろうか。断崖から、うっかり転げ落ちたりしていないだろうか。ほかのグループのスキャナーたちも、ざわつきながら雪豹たちの姿を探している。

「……どこだ？　どこに行った？」

「斜面の上には、いない……」

「……あ、一頭いた！　あそこ！　崖の下の方！」

雪豹の双子の片方が、断崖の南端から下の地層に沿って、まるで散歩でもしていたかのように、ひょっこりと現れた。時々立ち止まって、きょろきょろとあたりを見回しながら、手前へとゆっくり歩いてくる。

ミャウ……ミャウ……ピャウ……。

「……何？　何の音？」

「……雪豹だ！　雪豹が、もう一頭を探して、呼んでるんだ……」

ピャウ……ミャウ……。

カメラのファインダーを覗き込んで、雪豹の口元を見る。その通りだ。宙を仰ぎながら顎を動かすたび、鳴き声が谷間に響く。

……ミャウ……ピャウ、ピャウ……ピャウ……。

野生の大型肉食獣にしては、思いがけないほど控えめで、可愛いような、でも、どことなく寂しげにも聴こえる声。それは、僕が初めて聴いた、野生の雪豹の鳴き声だった。

矢と酒の祭

雪豹の狩の場面に初めて遭遇した日の夕方、キッバルの村への帰り道。集落のはずれまで戻ってきたところで、ソナム・ノルブーが僕をふりかえって言った。

「タカ・サー、僕の家で、お茶でも飲んでく？　まだ、うちに来たことないよね？」

南に面した斜面に連なる集落の西の端、ほかの家より少しだけ高い場所に、ソナムの実家はあった。かなり昔に建てられた家のようだ。玄関の小さな扉をくぐり、暗い廊下を半分手探りで進み、左に曲がると、居間兼台所がある。天井の低い、こぢんまりとした部屋。奥の壁沿いには、衣類やいろんな生活物資が、整理して積み上げられている。

「あれ、母さんも父さんもいないや。どこいったんだろ。まあいいか」

寒い寒い、と手を擦り合わせながら、ソナムは部屋の中央にある煙突ストーブに薪を突っ込み、乾燥させた牛糞にケロシンを垂らして火をつけ、薪の上に置いた。薪に火が移ると、炎のぬくもりで、部屋の空気がふっとやわらいだ。

「タカ・サー、何を飲みたい？　チャイ？　それともコーヒー？」

「コーヒーもあるの？」

「この、粉を溶かすやつだけどね」ソナムはそう言いながら、インスタントコーヒーの瓶を取り上げて、僕に見せた。

「うちでは、父さんがチャイを飲むのが苦手でさ。甘すぎるのがどうもダメみたいで。代わりにいつも、このコーヒーを飲んでるんだよ」

「ああ、何となくわかるよ。チャイが苦手な人、ラダックの知り合いにも何人かいる」

「僕もこのコーヒーが好きで、毎日じゃんじゃん粉を使ってるから、すぐになくなっちゃってさ。ついこの間も、もうなくなっちゃったのか！　俺は何を飲めばいいんだ！　って、父さんがびっくりしてた」

ガスコンロで沸かした湯でソナムが用意してくれたインスタントコーヒーをすすっていると、彼の母親と父親が、相次いで台所に戻ってきた。どちらも、僕とほぼ同い年くらいだろうか。二人とも英語はあまり得意ではないみたいで、ソナムに手伝ってもらいながらの、カタコトの英語と身振り手振りのやりとりになる。

「……ソナムは、とても優秀なスキャナーですよ。目はいいし、この村の周辺の地形や、動物たちのこともよく知っているので、助かっています。ありがとう」

僕が二人にそう伝えると、ソナムの母親はうれしそうに笑いながらも、いやいやいや、と手を振って、「この子、勉強が全然できないからね……」とこぼした。父親も「ほんとに、こいつは怠け者でねえ……」と同調する。何で二人ともそんな風に言うんだ……と、頭をかくソナム。仲のいい親子だな、と思う。

ソナムの母親が、部屋の奥に積まれていた雑貨の中から、何かを引っ張り出した。白とグレーのざっくりした毛糸で編まれた、帽子のようだ。帽子は二つあって、一方の額の部分には尖った耳と鼻面を持つ赤い顔が、もう一方には、動物の足裏の肉球のような白い模様が編み込まれている。

「母さんが編んだんだ。そっちの赤いのが、狐。こっちの足裏の模様のやつは、雪豹。どっちの帽子がほしい？って」とソナムが教えてくれる。

「えーと、じゃあ、こっちの雪豹のを、買わせてもらおうかな……。いくらですか？」

すると、ソナムの母親はまた笑いながら、ぶんぶんぶん、と手を振って、雪豹の足裏柄の帽子を僕の手の中に押し込んだ。

「これはプレゼントなので、お金はいらない、この村に来てくれてありがとう、って」

「そうなんだ！　いいのかな……。こちらこそ、ありがとう……」

試しに、もらった帽子をその場でかぶってみる。頭をすっぽり覆ってくれるので、見た目以上に暖かい。僕のような中年のおっさんがかぶるには可愛らしすぎる柄だけれど、これからもずっと大切に持っておきたい、と思った。

ナムギャル・ホームステイの主、ツェリン・ナムギャルは、僕がキッバルに滞在しはじめて十日ほど経った頃に、家に戻ってきた。坊主頭に色褪せた野球帽、メタルフレームの眼鏡。のんびり、おおらかな雰囲気の人だ。妻のザンモおばさんと同様、ナムギャルおじさんも英語はあまり話せない。英語が堪能な娘のタンジン・パルモが来ていない時、僕たち三人はいつも、スピティ語とラダック語と少しの英単語と、身振り手振りを混ぜこぜにして、どうにか意思疎通を図っていた。それでも特に不自由もなく、何とかやっていけるのだから、不思議なものだ。

ザンモおばさんは、僕が酒を飲めることを知って以来、毎晩、夕食の前に、コップ一杯の酒を出してくれるようになった。最初は、ほかのグループのインド人ガイドが置いていった、オールド・モンクというインド製のラム酒を、お湯割りで。それがなくなると、アラクと呼ばれる自家製の大麦の蒸留酒をふるまってくれた。分厚いガラスのコップに酒を注ぎ、僕の前のチョクツィー（背の低い机）に置くと、ザンモおばさんはにやりと笑って、いそいそと自分のコップにも半分ほど注ぎ、旨そうに飲む。雪に閉ざされた真冬のキッバルで暮らす人々にとって、酒は、気晴らしに欠かせない貴重な嗜好品（しこうひん）なのだろう。

滞在しはじめてからそれなりに日が経っても、ザンモおばさんたちの孫娘タンジン・ノルキーの、僕に対する警戒心は、解けるどころか、日に日に増す一方だった。僕はノルキーに対してまったく何もしていないし、みんなも「そのうち、あんたがここにいることにも慣れてくるさ」と言っていたのに。家族以外の村人や、ほかのグループの外国人やインド人ガイドが出入りしても、さほど気にはしていなさそうなのに、なぜか僕一人に対してだけ、ノルキーは常に顔をこわばらせ、黒目がちの瞳をかっと見開いて、最大限の警戒を払っていた。

その理由は、ある日、ようやく判明した。ノルキーが何かに対してわがままを言ってぐずっていた時、ザンモおばさんとパルモは、「こら！　言うことを聞かないと、ジャパンのメメ（じいさん）が怒るよ！」とノルキーを叱りつけていたのだ。家の人たちはこれまでずっと、僕のことを、怒らせるとものすごく怖い外国人のメメに仕立て上げ、ノルキーがぐずった時の脅し材料に使っていたのだった。

そのことに僕が気づいてからも、ザンモおばさんとパルモは別に悪びれもせず、僕をノルキーの脅し役に使うのを、一向に止めようとしなかった。むしろ、「ほら、ジャパンのメメ！ノルキーを怖がらせてやって！　さあ！」と積極的にしつけに参加させようとさえする。そりゃあ、いつまでたっても、ノルキーが僕を怖がるわけだ……まあ、別にいいんだけど……そもそも何で、「アジャン（おじさん）」じゃなくて「メメ」呼ばわりなんだろ……。

ノルキーが僕に打ち解けてくれる日は、当分、来なさそうな気がする。


雪豹の撮影は、双子の狩の場面に遭遇した時のように、うまくいく日もあったが、そうでもない日や、そもそも雪豹自体が見つからない日の方が多かった。

朝の時点で、雪豹の居場所の手がかりをまったくつかめていないなら、そのまま滞在先の部屋で待っていればいいのだが、「あのあたりで雪豹らしき姿を見た、というやつがいる」というあやふやな感じの情報が入ると、いるかいないかわからないけれど、とりあえず、その近くまで行ってみるか……ということになる。それで、昼の間ずっと外で見張り続けて、結局、雪豹の影も形も見つけられなかった、という日もあった。がっかりはしたが、冷静に考えると、無理もなかった。あの双子のように、まだ年端のいかない雪豹は警戒心が薄いけれど、成長した雪豹は、概してとても用心深く、己の姿を無防備に人間の目に晒すことは、めったにないのだから。

そうして撮影が行き詰まっている時、ソナムはいつも、何か別の野生動物が見つからないかと、渓谷の一帯を双眼鏡で丹念に探索したり、ほかのスキャナーたちと情報を交換し合ったりしていた。

とりわけ、ソナムが気にかけていたのは、彼らがレッド・フォックスと呼ぶ狐たちだった。

「冬のキッバルに来る人たちは、雪豹の写真を撮ることにばかり気を取られてるけど、僕は、狐ももっとちゃんと見てほしいんだ。すごく綺麗な動物なんだよ、狐は……」

そう言ってソナムは、ある年の冬、車でキー・ゴンパの近くを走っていた時に見かけた狐のことを話してくれた。

「一面、真っ白な雪の中でさ。狐の赤い毛並みが、逆光で炎のように輝いていて……ものすごく綺麗だった……。そりゃ、雪豹も狼も、アイベックスもかっこいいけど、僕が一番好きな動物は、狐かもしれない……」

美大生ならではの繊細な感性で、ソナムは狐に惹かれているのだと思う。

雪豹の撮影が空振りに終わって、ソナムが狐の話をしてくれた日の夕方。キッバルの集落へと歩いて戻る道の途中で、ソナムは、狐を三頭も見つけた。

「ああっ、ほらほら！　レッド・フォックス！　そこと、あそこにも！　タカ・サー、その斜面の右の方から、身体を低くして、そーっと降りていって！　こっちから、狐の位置を教えるから！」

ソナムは双眼鏡を使って、夢中になって狐たちの位置を確かめながら、僕が彼らの写真を撮る手助けをしてくれた。雪豹を見つけた時と同じか、それ以上に、彼は興奮していたかもしれない。

夕刻の淡い光の中、一頭、また一頭と、金色の毛並みの狐たちが、雪原を駆けていく。ソナムが言った通り、本当に綺麗だった。


スピティの各地では、冬のさなかに、ダチャンと呼ばれる祭りが催される。その年の冬、キッバルでは、二月中旬にダチャンが行われると聞いていた。

「ダチャン、っていうのは……どういう意味？」

祭りの当日、午前中にかなり遠い場所から雪豹の双子を撮影して、村へと引き返していた時。僕は雪道を歩きながら、ソナムにそんな質問をした。

ソナムは両手を掲げ、弓に矢をつがえ、引き絞り、ぱっと放つようなしぐさをして、「これが、ダ、だよ」と言った。

「弓のこと？　それとも矢の方？」

「アロー（矢）の方だね」

「じゃあ、チャン、は？」

今度は片手でコップのようなものを持ち、くいっと飲むしぐさをして、「これだよ」と言う。

「……ああ！　あの、チャンか！」

「そうそう」

チャンとは、チベット文化圏で幅広く造られているどぶろくのことだ。ラダックやザンスカール、スピティでは主に、大麦に麹（こうじ）を加え、発酵させて造る。白濁していて弱い炭酸を含み、アルコール度数はそれほど高くない。ほとんどのチャンは自家製で、店や食堂に出回ることはほぼない。現地の人々にとって身近な存在の酒の名が、祭りの名の由来の一部になっているとは面白い。矢と酒の祭り……どんな行事が行われるのだろう。

「タカ・サー、あそこに、氷の塔があるのが見える？」

そう言ってソナムが指さしたのは、キッバルの集落がある南に面した斜面の裾野、小さな学校の校舎の少し手前にある、高さ二メートル弱の塔のような形をした、氷の塊だった。いくつかの長方形の氷の塊を寄せて集めて、さらに固めたように見える。集落の家並からは、四、五十メートルほど離れている。

「村の家々がある側から、あの氷の塔に向かって、男たちが矢を射るんだよ」

「命中したら……何か幸運がもたらされる、とか？」

「そうそう。あと、ラー（神）も、あれに向かって矢を射るんだ」

「ラー……ルイヤが呼ぶの？」

「うん。この村のルイヤのおじさんがね」

一年半前の夏、デムル郊外のパラ・リで行われたナムガンの儀式で、チェタプと呼ばれる神を自らの身体に憑依させて神託を告げていたルイヤ（覡（かんなぎ）、シャーマン）のことを、僕は思い出した。キッバルでも、そうした神降ろしの儀式が行われるようだ。

「ダチャンの行事が始まるのは、日が暮れはじめる頃だから、それまでは部屋で待ってて。始まりそうになったら、呼びに行くよ」

ソナムの言葉に甘えて、僕はナムギャル・ホームステイの部屋に戻った後、電気ストーブにあたりながらしばらく待っていたのだが、村の様子が気になって、そわそわしてしまって落ち着かない。家の外から、子供たちがはしゃぎながら行き来している声が聞こえてくる。村の中をぶらぶら歩いて写真を撮りながら、どこかでソナムを見つけよう、と思い直し、カメラ一台をショルダーバッグに入れて、外に出る。

祭りが始まるのが待ちきれなくて、そわそわしていたのは、僕だけではないようだった。十歳にもならない小さな男の子たちが、家々の間を、ワーワー言いながら走り回っている。どの子も、手づくりの弓と矢を持っている。弓は、柳の枝をぐいっとしならせ、紐を結わえて弦にしたもの。矢は細い木の棒で、鏃（やじり）はなく、後ろに紙などで作った羽がついている。小さな弓なので、集落の側からあの氷の塔まで届かせるのは難しいだろうが、子供たちはそれぞれの弓に矢をつがえて、お互い同士やあちこちに向けて射るふりをしながら、興奮気味に路地を駆け抜けていく。

「……あー、いたいた。タカ・サー」

集落を東西に貫く車道に出たところで、ソナムが僕の姿を見つけ、こっちに歩いてきた。

「始まるまで、まだ時間があるし、外は寒いから、あそこの家で待っていようよ」

彼はそう言って、ナムギャル・ホームステイから少し西にある一軒の民家を指さした。

「あの家で?」

「そう。あそこにいれば、始まる時、すぐにわかるから」

「どうして?」

「あの家の一番上にある仏間で、ルイヤがラーを呼ぶんだよ」

「へえー。僕みたいなよそ者が、お邪魔してもいいのかな……」

「もちろん。全然問題ないよ」

ソナムに促されるがまま、足を踏み入れたその家の一階にある居間兼台所は、壁の下半分と床が板張りの広々とした部屋で、鉄製のストーブの上に置かれた大きな金属製の壺からは、仄かに湯気が立ち昇っていた。大勢の人がいる。二十代くらいの姉妹とその友達らしき女性。姉妹の両親。男の子と女の子が一人ずつと、もっと小さな、三、四歳くらいの男の子が一人。ソナムはこの家の親戚というわけでもないようだが、ナムギャル・ホームステイに出入りする時と同様、まったく自然に家の人たちとおしゃべりしながら、僕にストーブのすぐそばに坐るように案内してくれた。同じ村の人間同士、何の気兼ねも遠慮もないのだろう。家の人たちは僕に対しても、ようこそいらっしゃい、とにこやかに笑いながら、チャイやビスケットをすすめてくれる。

ソナムは僕の隣で胡座をかいて坐ると、一番小さな男の子を呼んで、足の間で抱き抱えた。白いニットキャップと青いパーカを着たその男の子は、親御さんに作ってもらったらしい、小さな弓と矢を持っていたのだが、矢をどうやって弓につがえて放すと前に飛ぶのか、そもそもの仕組みがよくわかっていないらしい。ソナムは男の子に優しく手を添えて、弓につがえるやり方を教えながら、矢を飛ばす手伝いをする。矢が前に少し飛ぶたび、男の子は得意満面で拾いに行って、また戻って自分でつがえようとするのだが、やっぱりまだ、やり方がよくわかっていないようだった。

「……この子はもうすぐ、お坊さんになるんだ」

男の子にまた矢のつがえ方を教えながら、ソナムが言った。

「お坊さんに？　……キー・ゴンパで？」

「うん。春になる頃かな」

スピティだけでなく、ラダックやザンスカールなどのチベット文化圏で暮らす仏教徒の家では、一家に生まれた何人かの子供のうち、一人を僧院に預けて出家させるのが、かつてはしきたりのようになっていた。そうした子供の多くは、四、五歳くらいの頃に親元を離れて僧院に移り、剃髪（ていはつ）して僧衣をまとい、日々の修行と勉強にいそしむようになる。社会の近代化と職業の多様化に伴って、僧侶になる人の数は次第に減ってきているし、子供の頃にいったん出家しても、成長してから還俗（げんぞく）して社会に戻る人も少なくないそうだが。そうか……この子はもうすぐ、この家を離れて、お坊さんになるのか……。当の本人は、いつまでたっても矢の飛ばし方を覚えられないまま、無邪気に笑っているけれど。

しばらくすると、居間兼台所の入口に、民族衣装の長衣に黒い上着を羽織り、銀縁の眼鏡をかけた初老の男性が現れた。部屋にいた人たちが、やあやあ、と出迎える。

「あの人は、トランスレーターなんだ」とソナム。

「……通訳？　何の言葉の？」

「ラーの言葉だよ。ルイヤの身体にラーが降りてきた時に使う言葉は、スピティでも古い言葉で、今の僕たちにはよくわからないことも多いんだ。あのおじさんは、それを翻訳して、村の人たちに教えてくれるんだよ」

「ちなみに、今日のダチャンでは……何という名のラーが降りてくるの？」

ソナムは、通訳担当の男性と二言三言やりとりしてから、僕に言った。

「チョーキン・ルンゴロンと、キルンが来るって」

「えっ……二人も呼ぶの？」

「そうみたいだよ」

二、三人の男たちが戸口から顔を覗かせ、「……そろそろだぞ！」と声をかけ合う。通訳担当の男性が、よおし、と立ち上がったところで、ソナムと僕も、彼らの後をついていくことにした。

三階建ての家の最上階に、広々とした仏間があり、その中央ではすでに、この村のルイヤの男性がひざまずいて、一心不乱に祈りを捧げていた。額に銀の髑髏飾りがあしらわれた、古びた冠。赤い長衣の肩口には金糸の刺繍があしらわれ、たっぷりとした袖口は青で縁取られている。一年半前、デムルのナムガンの儀式で目にしたルイヤの衣装とそっくりだが、あの時の彼に比べると、キッパルのルイヤの男性は、顔と顎が四角く、いくぶんがっしりとした身体つきに見える。色とりどりの布が結わえ付けられた槍を両手で持ち、ひたすら祈り続けるルイヤの顔は、耳たぶまで赤黒く染まって見えるほど紅潮している。

通訳担当も含めて六人ほどの男たちが左右に付き従う中、唐突に、ルイヤが身体を震わせながら立ち上がった。少しうわずった声色で、水差しを渡すように付き人に要求する。表情が、さっきまでとは明らかに違う。

一人目のラーが、彼の身体に降りてきたのだ。

付き人たちは、水差しや、酒を注いだ銀の盃を、ルイヤに言われるがままに交互に渡す。ルイヤはそれぞれを口にしながら、甲高くかすれた声で、訥々と何事かを呟く。両手を合わせながら神妙に聞き入る付き人たち。ルイヤの呟きが少し途切れるたび、通訳担当の男性が、ルイヤの話の内容を訳して伝えていく。それが、幾度もくりかえされていく。

デムルのナムガンの時に比べると、キッパルのダチャンで降臨したラーのお告げは、いくぶん長いものだった。酒などを口にしながらの途切れとぎれではあるが、三十分くらいは語り続けていたのではないかと思う。そのお告げの意味は、僕には全然理解できなかったけれど、かすれた声で語られるその言葉には、なぜだかわからないが不思議に惹き込まれる、素朴なリズムのようなものがあった。

やがてルイヤは、ラーを身体に憑依させたままの様子で、袖をたなびかせて身を翻し、仏間の外に出ていった。すかさず付き従う村人たち。ドンドンドン、ボンボンボンボン、と楽師たちが打ち鳴らす太鼓の音が、あたりに響きわたる。

彼らを追って、仏間の外、屋根の上に出る。周囲を見回して、驚いた。薄闇の中、すごい数の村人たちが集まっている。この村には、こんなに大勢の住民がいたのか……。女性の多くは、家々の屋根の上に並んで坐っている。男たち、特に小さな子供たちは、めいめい弓と矢を手に、来るべき時が訪れるのを今か今かと待ち構えている。

ルイヤは、あっという間に家の外に出て、家並の間にほんの少しだけ開けた広場に到着していた。左手には、さきほどから持っている槍。右手には、付き人から手渡された、チャンの入った酒瓶。両袖と裾を翻しながら、くるり、くるり、ゆらーり、ゆらり、と舞い踊る。白濁したチャンをすっかり宙に撒き散らした後は、透明なアラクの入った瓶が手渡される。それも景気良く宙に撒き散らすと、次に付き人から手渡されたのは、柳の枝で作られた大きな弓と、長い矢だった。

楽師が、ドラムロールのように太鼓を小刻みに打ち鳴らす。ルイヤは、少し足元をふらつかせながらも、弓に矢をつがえ、右脇まで引き絞って、氷の塔に向けて、えい！　と放った。オオーッ！　と一斉に湧き上がる歓声。居並ぶ男たちや子供たちも、わあわあと騒ぎながら、それぞれの弓から矢を放っていく……。

　これか。これが、ダチャン、なのか。

「キキソソ、ラーギャロー！（神に勝利を！）　ラーギャロー！」

　ルイヤに憑依した神は、何のために、氷の塔に向けて矢を放ったのだろう。その姿に、人々はどんな思いを重ねていたのだろう。遠い昔から伝えられ、くりかえされてきたこの伝統は、これからの世代にも、変わらぬまま受け継がれていくのだろうか。


　ルイヤと村人たちが矢を放つ行事が終わる頃、外は、すっかり暗くなっていた。

「タカ・サー。今夜は、村の集会所で、炊き出しがあるんだ。ごちそうが出るよ。一緒に食べに行こうよ」

　キッバルの村の集会所は、集落の西の端、ソナムの実家のすぐ近くにあった。炊き出しの配膳が始まりそうな頃合いを見計らって、ソナムと一緒に、集会所の中に入ってみる。ラルンの村にあった集会所と同様、ここもコンクリート製のそっけない造りの建物で、中はがらんとしていて何もない。壁に沿って敷かれたシートには、若者や子供たちを中心に、大勢の村人たちが胡座をかいて坐っていた。それぞれの手元には、各自で家から持ってきたらしい、ステンレスやプラスチックの皿が置かれている。集会所の窓は素通しで、中にいても、しんしんと冷える。隅の方では何人かの若者が焚き火をして、わずかでも暖を取ろうとしていた。

　集会所の中心には、さきほどのルイヤと付き人たちが坐っていた。ナムギャルおじさんも、付き人として加わっている。ルイヤはまた、ラーを憑依させているようだった。おそらく、彼が今日呼び寄せる予定だった、二人目のラーが降臨したのだろう。かすれ気味の甲高い声で、訥々とした調子で、何事かを呟き続けている。今度のお告げも、長くなりそうだ。

ルイヤが呟くラーからの神託に、村人たちは全員、神妙に聞き入っている……のかと思いきや、熱心に耳を傾けているのはルイヤを取り巻く付き人たちくらいで、壁際に並んで坐る若者たちの大半は、ラーの語る言葉をそれほど気にかけていないように見えた。みんな、隣と小声でおしゃべりしながら、ルイヤによる儀式が終わって、炊き出しのごちそうが配膳されはじめるのを、そわそわと待ちわびているのだ。すでにだいぶ遅い時刻になっていて、みんなお腹も空いているだろうし、集会所の中もますます冷え込んできていたから、無理もなかった。僕も、ソナムが自分の家から持ってきて貸してくれた、プラスチック製の大きめの皿とスプーン一本を目の前の地べたに置いたまま、ぐうぐうと鳴る空きっ腹を押さえて、辛抱し続けていた。

ようやくありつけた、炊き出しの食事は……白飯とロティ、ダール、ジャガイモのカレー、そして羊肉のカレー。調理と配膳係の男性が、金属製のバケツからそれぞれのおかずを、どさどさっ！　と気前よく皿によそってくれる。……旨い。羊肉はほろほろに柔らかく煮込まれているし、ジャガイモはほくほくと甘い。焼き目のついたロティも香ばしい。周囲では誰も彼も、夢中になってぱくついている。

ようやく腹が満たされて気分が落ち着いた頃、そんなに遠くない場所から、ドンドン、ドンドドン、と太鼓の音が響いてきた。

「ソナム、あの太鼓の音は、どこから？」

ソナムは、少し困ったような笑みを浮かべた。

「あー、あれは……すぐそこの別の建物で、大人たちがね……」

「……酒盛り？」

「そうそう。あとでちょっとだけ、覗いてみる？　無理に酒に付き合う必要はないけど」

ソナムが連れて行ってくれたその建物は、さっきまでいた集会所より二回りほど小さく、同じようにそっけない造りの、二階建ての建物だった。一階は、炊き出しの食事の調理場だったらしく、仕事をほぼ終えた料理人たちが、後片づけを始めていた。

コンクリートが剥き出しの階段を二階に上がると、ぷうん、と酒の甘い匂いが鼻をついた。中にチャンが入っているらしい巨大な青いポリバケツが、いくつも床に並んでいる。その奥では、大勢の中年の男たちが、床に輪になって坐り、わいわいと酒盛りに興じていた。みんなすっかりへべれけで、二十日大根みたいに真っ赤な顔をして、上半身をふらつかせている。

「おーっ、ジャパンパ(日本の人)！　よく来た！　坐れ坐れ！」

「チャンでいいか？　それとも、アラクにするかぁ？」

引きずり込まれるようにして彼らの輪の中に坐らされ、目の前の床に置かれたガラスのコップに、どぼどぼとアラクが注がれる。飲めば飲むだけ注ぎ足されるのは目に見えているし、アラクはかなりアルコール度数が高い蒸留酒なので、飲みすぎないように気をつけなければ……。

酒盛りに興じていた村の男たちは、誰も彼も英語はあまり話せないようなのだが、まったく気にする様子もなく、右から左から、スピティ語で矢継ぎ早に僕に話しかけてくる。

「あんたは……ラダック語がしゃべれるのか！　何でだ？　ラダックによく行ってるのか？」

「シェン（雪豹）を撮りに来たのか？　ラダックで、シェンを見たことはあんのか？」

「なあ、スピティと、ラダック、どっちの方が綺麗だと思う？」

「あんたは、どっちの土地が好きなんだ？　どっちだ？」

「日本では、どんな歌が人気なんだ？　一曲、ここで歌ってみてくれや！」

へべれけの酔っぱらいたちから、あれやこれやと訊かれ続けて、さて、ここからどうやって脱出したものか……と考えていると、同じ部屋の隅にいた二人の楽師たちが、またやるかね、といった調子で、ドンドン、ボンボンボン、と太鼓を叩きはじめた。赤ら顔の酔っぱらいたちは、コップを床に置き、よろよろとおぼつかない足取りで立ち上がる。

「さあーっ！　お、踊るぞ！」

「あんたも立て！　一緒に踊れっ！　さあさあ！」

冬の夜が、にぎやかに更けていく。すぐ近くの谷に雪豹が棲む、標高四千二百メートルの村で。

巡り巡る命

ダチャンが終わってからの数日間、雪豹たちの行方は、まったくわからなくなった。空はずっと晴れていたし、地表の雪もそれなりに残っていたが、地元のスキャナーたちによる捜索は、毎日、空振りに終わっていた。

僕は、ある日はララ・ツェリンやソナム・ノルブーと一緒に車でカザに出かけて、スピティから下界に戻る時に必要な通行許可証を役所で申請したり、別の日にはソナムの案内で、再びアイベックスの群れを撮影しに行ったりしていた。出かける用事も、村の外での撮影もない日には、村を少し散歩したり、滞在先の部屋で文庫本の続きを読んだり、窓の外を眺めながら、ぼんやり考えごとをしたりしていた。

冬のスピティで撮影してきた、雪豹をはじめとする野生動物の写真は、出来不出来はともかく、それなりの枚数が溜まってきていた。野生の雪豹の姿を自分自身の目で見て、写真に撮るという、この旅を思い立った当初の目的だけなら、すでに達成できていた。

それでもまだ、僕はなぜか、雪豹たちのことがずっと気にかかっていた。彼らとこの土地との関わりを、本当の意味で理解する上で不可欠なパズルのピースが、一つ二つ、まだ欠けているような気がしていた。足りないピースの正体が何なのかは、自分でも、よくわかっていなかったのだけれど。

デムルの村はずれで以前出会った、あの雪豹の母と子が、村の家畜の羊をまた一頭殺した、という報せが届いたのは、そんなある日の午後のことだった。次の日の早朝、僕とソナムは、ララが手配を担当している別のグループのスタッフが乗る車に便乗させてもらって、デムルへと向かった。


車は、スピティ川沿いにあるリダンの村から南西に面した斜面を上る、ジグザグの道の途中で停まった。一帯の標高は四千メートルを超えているが、稜線の向こう側にあるデムルの村までは、まだかなり距離がある。パラ・リの頂上へと続くトレイルの始点よりも、さらに手前だ。道路脇には、すでに何台かの車や小型バスが駐車されていた。

今回の現場は、車道から西に七、八百メートルほど、原野を分け入った先にあった。

「こんなところで……」

北には、屏風のようにそびえる急峻な岩山があり、その裾野は、なだらかな起伏の斜面となって眼前に広がっている。地表をまだらに覆う雪。直径数メートルはある巨大な岩が、ところどころに転がっている。薄曇りの空に、冷えびえとした風が吹き抜ける。南に横たわる広大な谷を挟んだ先には、白銀の雪に覆われた山々が連なっている。

「タカ・サー。あれが、殺された羊らしいんだけど……わかる？」

「……ああ、あれか！　かなり近いね」

雪で覆われた斜面に、周囲の岩の色とは少し違う、ほぼ真っ黒に見える毛の塊のようなものが転がっていた。それが、殺された羊の死骸だった。僕たちがいる場所からは、ほんの百五十メートルほどで、間に遮蔽物はほとんどない。

僕とソナムがいる場所からすぐ右にある岩だらけの丘には、先に到着していた十五、六人の撮影者のグループと、彼らを世話するスキャナーやポーターの大所帯が陣取っていた。グループの手配をしているララ・ツェリンの姿も見える。撮影者たちの中に、前に見かけたことのある人は全然いない。冬のスピティに雪豹を撮影しに来る人のほとんどは、数日から一週間ほどで引き上げてしまうので、シーズンの間、撮影者たちの顔ぶれはどんどん入れ替わる。すでに一カ月近くも冬のスピティに居続けている僕は、よほどの変わり者なのだろう。

「ソナム、雪豹たちは今、どこに……？」

「あっちだって。ずーっと、向こうの岩場」

そう言ってソナムは、羊の死骸のさらに先、数百メートルは離れたところにある斜面と岩場を指さした。目を凝らすが、雪豹の姿は見えない。

「……前にもデムルで羊を殺した、雪豹の母子がいるの？」

「ううん、あそこには今、雄が一頭だけいるって」

「雄の雪豹が？　どういうこと？」

「昨日、群れからはぐれた村の羊をここまで追ってきて殺したのは、雪豹の母親だったんだけど、あとから雄の雪豹がやってきて、羊を奪ったんだ。雪豹の母親と子供はその雄を怖がって、別の場所に逃げてしまったんだって」

「そんなことがあったのか……」

三脚を設置してカメラを据え、ファインダーを覗いて、その雄の雪豹がいるという西の岩場を、くまなくじっくりと眺める。姿は見えない。岩陰に潜んでいるのだろうか。せっかくせしめた羊の死骸から、かなりの距離を置いているのは、どうやら、僕たち人間の側に原因があるようだ。

「僕ら、近すぎるよね。この場所から、羊まで。どう思う、ソナム？」

「そうだね……距離もそうだし、今日はちょっと、人が多すぎるね……」

「キッバルでは、谷に隔てられているから雪豹も安心できるけど、ここは地続きの斜面で、間には何もないし……」

右の岩だらけの丘にいるグループを案内するスキャナーたちも、同じことを考えていたようだ。このままの距離では、いつまでたっても、雪豹は姿を現さないだろう。彼らはカメラと三脚と荷物をポーターたちに持たせ、僕たちの左斜め後方に二百メートルほど移動して、そこの平地に密集して陣取りはじめた。それでもまだ、雪豹にとってはプレッシャーを感じる距離かもしれない。僕とソナムも少し場所を変えて、大きな岩の陰から羊の死骸のある場所を見通せる窪地に移動した。

今日は、長丁場になりそうだ。数日前にカザの街で買い足しておいた板チョコをかじりつつ、岩陰でじっと待つ。

一、二時間ほど経った頃、ようやく、一頭の雪豹が姿を現した。西の岩場の手前にある斜面の中腹で、身体を横にして坐り、撮影者たちのグループの方をじっと見つめている。距離は、まだ遠い。やはり、かなり警戒しているようだ。

急に、ソナムが小声で叫んだ。

「……タカ・サー！　狐だ！　狐が羊に！」

カメラのレンズを、あわてて羊の死骸に向ける。すばしっこい影が、雪の上を行き来している。ふさふさした尻尾を持つ一頭の狐が、ちら、ちら、と人間たちの方を見ながら、羊の死骸の周囲をうろついている。

狐は時折、羊の死骸にぱっと近づき、鼻面を突っ込んで少量の肉を噛みちぎっては、またすぐに離れる。人間にも雪豹にも用心はしながらも、この距離ならたぶん大丈夫、と判断しているのかもしれない。

「……禿鷲たちも来た！」ソナムがまた小声で叫ぶ。

カメラから少し目を離して見上げると、うっすらと雲に覆われた空に、一つ、二つ、黒い影が旋回していた。やがてそれらの影は、ひゅうんと弧を描いて、黒い羊の死骸のもとへ、次から次へと舞い降りてきた。二羽、三羽……四羽！　どの禿鷲も、翼を左右に広げると、二メートル近くはありそうに見える。禿鷲たちが取り囲むと、地面に転がる羊の死骸は、翼の陰でほとんど見えなくなってしまった。

空からの来訪者に羊を奪われてしまった狐は、少し離れた場所から、巨大な禿鷲たちが羊の死骸をついばむのを眺めていた。だが、やがて意を決したかのように、シャーッ！　と牙を剥いて威嚇しながら、鋭く突撃。ほんの少し、禿鷲たちをたじろがせる。

懸命に威嚇し続ける狐と、それでも飛んで逃げようとはしない禿鷲たち。羊の死骸を挟んで対峙する彼らの動きをカメラで追い続けていると、突然、何かの黒い影が、すうっ、とファインダーを斜めに横切った。

雪の上に転がっていた羊の死骸が、忽然と消えた。

「えっ、何？　何が起こった？」

「わぁ、狼だ！　タカ・サー！　狼が、羊をかっさらった！」

狐よりも二回り以上は大きい、褐色の毛並みをした狼が、ばらばらになりかけている羊の死骸を咥（くわ）え上げ、軽やかな足取りで、西へと走り去っていく。あっけに取られた様子でそれを見送る、狐と禿鷲たち。いつのまに、こんなすぐ近くにまで忍び寄っていたのだろう？　僕はもちろん、ソナムもまったく気づいていなかった。

しかも狼は、よく見ると、ほかに三、四頭はいるようだ。狐や禿鷲、そして僕たち人間の邪魔が入らなさそうな場所まで離れて、ぶんどった羊を群れで山分けするつもりなのだろう。

が、しかし。

「……雪豹が来た！」

僕たちが狐と禿鷲と狼の動きに気を取られている間に、雄の雪豹は西の岩場を離れ、羊を咥えて走っている狼に急接近して、その行く手を遮ろうとしていた。唸り声は聴こえないが、雪豹は口を開けながら身体をいからせ、狼たちにすごんでいるように見える。

「……戦うのか？　ここで、雪豹が、狼と？」

遠い上に、波打つ丘の稜線に遮られて、何が起こっているのか、すべてを見通すことはできない。だがどうやら、雪豹に脅かされた狼は、羊の死骸を地面に放り出し、少し距離を取ったようだ。やがて稜線の先には、拾い上げた黒い羊の死骸を咥えながら、悠々と歩み去る雪豹の姿が現れた。

雄の雪豹は、羊を咥えたまま、斜面にそびえる角張った岩の上にひょいとよじ登り、そこに坐って、ゆっくりと肉をぱくつきはじめた。遠くからも、ちら、ちら、と赤い肉の断面が見える。あの雪豹も、腹が空いていたのだろう。今日のような動物同士での奪い合いの混乱が起こってしまったのも、僕たち人間が羊の死骸に近づきすぎて、雪豹がそれを警戒して距離を取ってしまったのが一因なので、彼には少し申し訳ない気がする。

ウォーン……ワォォーン……。

何者かの遠吠えが、あたりに響きわたりはじめた。犬とは、少し違う気がする。……狼だ。首尾よくかっさらったはずの羊の死骸を奪われた、あの狼たちが、用心深く距離を保ちながら、雪豹が坐る岩の周囲を取り囲み、吠えているのだ。雪豹と狼の間にも、この一帯の縄張りを巡る、せめぎ合いのようなものがあるのかもしれない。

オーン……ワォーン……ウォォーン……。

「今日は、すごい日になったなあ……」

「何から何まで、全部、いっぺんに出てきたね」

「狐に、禿鷲に、狼に、雪豹まで……」

「こんな場面に出くわしたの、初めてだよ……」

西の空を覆っていた雲の切れ間から、淡く射してきた光が、地表を、雪豹を、狼たちを照らし出す。彼らの生きる世界が、そこにある。

雪豹に屠られた一頭の羊の命が、ほかの生き物たちの命を、少しずつ、つないでいく。彼らの世界には、善も、悪も、存在しない。みな、己の命を保ち続けるために必要なことを、精一杯しているだけだ。

憎悪や欲望というくだらない理由で平気で殺し合う、僕たち人間の方が、彼らよりずっと、愚かな生き物なのかもしれない。


それからの三日間、スピティでは、再び雪が降った。

今度の雪は、激しかった。特に二日目は、猛烈な吹雪になった。窓の外は、吹き荒れる風と雪で真っ白になり、隣の家の屋根すら、ろくに見えなくなった。撮影どころか、家の外に出ることすら、ままならないほどだった。

強風か雪崩で、送電線がどこかで切れてしまったのか、村全体が停電して、そのままの状態がずっと続いた。スマートフォンやノートパソコンも、バッテリーの残量が底をついてしまった。日が暮れてからの三、四時間だけ、ナムギャルおじさんが発電機を動かして、家の電灯やソケットに給電してくれた。発電機を動かす燃料も安くはないし、備蓄している量にも限りがあるので、ずっと発電し続けるわけにはいかないのだという。だから、その数時間の間に、電子機器をかたっぱしからソケットにつないで、ほんの少しでも充電しておくようにした。もっとも、通信回線も吹雪の影響でずっと途絶したままだったので、スマートフォンを充電したところで、何ができるわけでもなかったのだが。

日に三度、階下の居間兼台所に降りて、ナムギャルおじさんとザンモおばさんが用意してくれる朝昼晩の食事をいただくほかには、あてがわれた部屋に籠もって、窓からの明かりを頼りに文庫本を読むくらいしか、することがなかった。本を読めるのも昼の間だけで、夜は電灯が一つしかない暗い部屋で、ベッドの上で寝袋にくるまり、寒さに身体を縮こまらせながら、天井を見上げていた。

この吹雪の中で、雪豹たちは、何をして過ごしているのだろう。アイベックスたちや、狼たちや、狐たちは……。

発電機が停止すると、電灯の明かりも消えた。カーテンを少し開け、凍りついた窓ガラス越しに、外を見る。闇の中で、雪は、絶え間なく降り続いていた。

吹雪が始まってから四日が過ぎ、雪はようやく、小止みになった。雪豹の双子の所在は、依然としてわからないままだった。

昼を過ぎた頃、ソナムが部屋に来て、「ランザ村の近くに、雪豹が一頭、現れたらしい」と知らせてくれた。少し相談して、どこかのグループがランザに向かうなら、その車に便乗させてもらって現場に向かおうか、と出かける準備をしてみたのだが、その雪豹はすぐに遠くに去ってしまった、と続報が入り、結局、僕たちはキッバルに留まることになった。

その次の日の朝、空は、一昨日までの吹雪が嘘のように、清々しく晴れわたった。

八時半過ぎに僕のいる部屋のドアをノックしたソナムは、顔を合わせるなり、白い歯を見せながら満面の笑みで言った。

「チッチム・ブリッジにいる！」

すぐに撮影機材をまとめ、ひさしぶりにスノーブーツを履いて、外に出る。キッバルの村は、前にも増して深い雪に埋もれていた。あちこちから、ザッ、ザッ、ザクッ、と、村人たちが屋根や玄関周りの雪かきをする音が聞こえてくる。群青の空に、雲はひとかけらも浮かんでいない。冷気で鼻の粘膜がチクチク刺激されて、鼻水が止まらなくなる。

集落のはずれで、別のグループの荷物運搬用のピックアップトラックが出発しようとしていたのを、ソナムが呼び止めてくれた。荷台に積まれた荷物の隙間に坐らせてもらって、現場へと向かう。

雪豹の双子がおよそ十日ぶりに姿を現したとあって、チッチム・ブリッジの手前の道路沿いでは、大勢の撮影者たちが、意気揚々と三脚とカメラを並べていた。見覚えのある顔は、二、三割くらいだろうか。彼らに付き添っている地元のスキャナーやポーターの面々も、ほっとしたような表情を浮かべている。

「タカ・サー、今、あの子たちがどこにいるか、わかる？」

ほかのグループから少し離れた場所で、三脚の上にカメラを据えつけていた僕に、ソナムが訊く。

「ん？　えーと……あそこじゃないかな？　前にも寝てたことのある、あの岩棚……」

僕がレンズを向けてフォーカスを合わせたカメラのファインダーを覗き込んで、ソナムは「正解！」と笑った。雪豹の双子は、僕がチッチム・ブリッジで三度目に彼らを目にした時と同じ岩場で、くるっと丸めた身体を寄せ合って眠っていた。あいかわらずの仲のよさだ。二頭とも、特に変わりなさそうで、ほっとする。

「あの子たち……あれから、何か獲物を仕留めたかな？　ソナム、どう思う？」

「うーん、どうかな……。何か、小さな動物を捕まえたりはしたかもしれないけど……。ここ何日か、天気も悪かったし、大物はまだのような気がする……」

ソナムの推測は、正しかったようだ。雪豹の双子は、午前中から、もぞもぞと身動きしはじめた。それぞれあくびをして、ぬーっ、と伸びをすると、寝床にしていた岩棚を離れ、するりするりと断崖を伝って、南のスードゥンの方へと移動していく。

雪豹たちが活発に動きはじめると、僕たちも忙しくなる。彼らがどこに向かおうとしているのかを予測しつつ、こっちはどこに移れば最適な距離と角度で彼らを撮影できるか、計算しながら移動しなければならない。雪がたっぷり積もった、危なっかしい斜面を伝い歩き、ぜいぜい息を切らしながら新しい場所に三脚とカメラを設置しても、雪豹たちは稜線を越え、谷間を越え、さらに南へと歩いていく。僕たちはあわてふためきながら、二度、三度、四度と、場所を移動し続けた。

この日の雪豹の双子は、時折立ち止まって左右を見回したりはしていたが、基本的に、雪原に残されていたひとすじの足跡を、ずっと辿り続けているようだった。その足跡は、スードゥンの南はずれにいる、アイベックスの群れの方へと続いていた。十数頭ずつの群れが、二つ。日射しに眩く輝く雪の斜面に、大きな角を戴いた雄のアイベックスの影が、点々と散らばっているのが見える。

雪豹たちは斜面を少し上り、片方のアイベックスの群れの右、ほぼ真横から、ずんずん歩いて近づいていく。真っ昼間だし、斜面には何の遮蔽物もないから、アイベックスたちからも、二頭の雪豹が近づいてくる姿は、たぶん丸見えだ。以前、あの二頭がアイベックスへの狩を試みて失敗したのを目にした時も、明らかに不利な位置から無造作に突っ込んでいったように見えたが、今回は、どうだろうか。

双眼鏡で彼らを見ていたソナムが、急に叫んだ。

「……行った！　アタックした！」

「えっ！　もう行っちゃったの？」

雪豹の双子は、あまりにも真っ正直に、アイベックスの群れに真横から突撃していった。わかっていたとばかりに、パパッと雪を蹴立てながら、いくつかの方向に分かれて逃げ出すアイベックスたち。雪豹たちは、それぞれ獲物を狙って懸命に雪原を駆け巡ったが、そのダッシュは長くは続かない。結果的に、アイベックスたちをいったん分散させて、斜面の右の方に追いやるだけに終わってしまった。

「また失敗かあ……」

「あのやり方じゃ、そうそううまくはいかないんじゃないかな……」

手際よく狩を成功させるには、彼らにはまだ、経験が足りないのだろうか。狩の仕方を手ほどきしてくれるはずだった亡き母親と過ごせた時間が、やはり、短かすぎたからなのか。それとも……。

それからしばらくの間、僕とソナムは場所を移動せずに、雪豹とアイベックスの様子を見守り続けた。襲撃に失敗して、いったん離ればなれになった雪豹の双子は、再び集まって、スードゥンの峡谷に面した斜面のはるか左上に。アイベックスたちは、二つの群れが合わさって三十頭近くの大きな群れになり、斜面のやや右下に集結しはじめた。十頭ほどが大きな角を持つ成獣の雄で、ほぼ同数の雌と、七、八頭の小柄な子供たちがいる。

これから、何が起こるのだろう。何も起こらない、とは考えにくい。気にはなりながらも、日が暮れて、写真を撮るのが難しいほど暗くなってしまったので、僕たちは撮影機材をまとめ、歩いて村へと引き返した。

翌朝、部屋のドアを開けて顔を合わせるなり、ソナムは早口に言った。

「双子が夜の間に、アイベックスを殺した」

意外なことに、その報せを聞いても、僕はさほど驚かなかった。心のどこかでうっすらと、そんな予感がしていたのかもしれない。

「……あの子たちは今、どこにいるの？」

「スードゥンだって。とりあえず、行ってみよう」

今朝も、空はあきれるくらい、すっきりと青く澄みわたっていた。昨日と今日の冷え込みで、地面に積もった雪も、硬く締まってきている。集落を離れ、なだらかな斜面を歩いて横切って、スードゥンの方へと降りていく。ほかのグループの撮影者たちは、車で現場近くに直行しているだろうと思っていたのだが、道路脇には、一、二台の車が見えるだけだ。

道路を横切り、雪に覆われた丘の稜線に沿って歩いていく。向かっているのは、スードゥンの一帯でも、もっとも奥まった場所だ。ひとすじの川が削り出した峡谷は、ここで深くねじくれるように、逆向きのS字を描いている。両岸の幅は狭く、高低差が百メートルはある断崖は、複雑にえぐれた形状になっている。崖の上からは、谷底まで見通すことすら難しい。対岸の崖の上方に連なる雪の斜面には、二十頭ほどのアイベックスの姿が点々と見える。昨日見かけたのと、同じ群れのようだ。

手前側の断崖の端に、数人の人影が見えた。全員、地元のスキャナーたちだ。顔見知りも一人いる。ソナムは少し先に歩いていって、二言三言、彼らと言葉を交わしてから、追いついた僕に言った。

「双子は今、ここの真下の谷底の、川べりにいるって。ここにいる連中が今朝、崖を伝って少し下に降りて、居場所を確認したそうだよ。ここからは、全然見えない角度の場所だけど……」

「ああ……だから、ほかのグループは来ていないのか。双子が仕留めたアイベックスの身体も、そこにあるの？」

「うん。小さめのやつが、二頭」

「二頭？　一度に二頭も仕留めたの？」

「そうみたいだね。一頭はもうほとんど食べられちゃって、もう一頭はまだ手つかずのまま、雪の上にあるって」

「そうなんだ……。今まで、あれだけ狩に苦労してたのに、よくもまあ、一気に二頭も捕まえたね……」

「崖から追い落としたんだよ」近くにいた顔見知りのスキャナーが、僕に言った。

「雪豹たちは夜の間に、斜面の上から、アイベックスの群れにアタックした。あわてて逃げ出したアイベックスたちのうち、小さい二頭が崖っぷちに追い込まれて、谷底まで落ちて、死んでしまったんだよ。だから、双子は今、獲物が落ちた谷底にいるのさ」

「直接捕まえたんじゃなくて、谷に落ちるように追い込んだのか……」

「何週間か前に、あの双子がアイベックスを一頭仕留めた時も、似たような追い込み方だった。それが、あいつらがここで身につけたやり方なんだろう。昨日の昼の間に、あの雪豹たちが何度かアタックした影響で、二つに分かれてたアイベックスの群れは、一つにまとまって大きくなってた。大きな群れを追い込んだ方が、あいつらの狩は成功しやすいんだよ」

　雪豹の双子は、より確実にアイベックスを谷底に追い落とすために、じわじわと圧力をかけ続けていたのだろうか。アイベックスも、急峻な岩場を動き回るのはけっして苦手ではないが、このスードゥンの一帯ほど極端に切り立った断崖で、しかも夜であれば、話は別だろう。雪豹の双子は、僕が素人目線で想像していたよりも、はるかに賢(さか)しくて、辛抱強かったのかもしれない。

「タカ・サー、あっちの崖の、少し下寄りのところ、見える？」

　ソナムはそう言って、対岸の崖の中腹、やや南寄りの狭い岩棚を指さした。

「……あ！　あそこにもう一頭、アイベックスがいるね。割と大きい。生きてるけど……どうしたんだろ？」

「あいつも昨日の夜、雪豹たちに追われて、崖の方に逃げ出したんだろう」さっき声をかけてきた、顔見知りのスキャナーが言った。「谷底には落ちずに、どうにか逃げ切りはしたけれど、あいつ、あの岩の窪みにはまり込んで、出られなくなってるんじゃないかな。もし、あそこからずっと抜け出せないままだと、飢え死にするか、その前に雪豹たちに見つかって、今度こそやられてしまうだろうね……」

彼はそこまで言った後、少し肩をすくめるようにして、「ニンジェ（ご慈悲を）」と付け加えた。

……メェ……メェ、メェ……メェ……。

どこか遠くから、何かの鳴き声が聴こえてきた。羊か山羊のような、甲高くて、か細い声。少しずつ、近づいてきているような気がする。

「……何の声だろう？」

「アイベックスだよ」ソナムが、対岸の雪の斜面を指さす。「ほら、あそこ」

雌のアイベックスが一頭、斜面の上の方にいた群れを離れ、断崖の端の方へと歩いて降りてきていた。険しい岩場を慎重に伝い歩きながら下へと降りていき、断崖の中腹のあたりから、左右に走る地層の襞に沿って、北に向かって歩いていく。時折立ち止まっては、メェ、メェ、メェ、と鳴き、また少し歩いては、くりかえし鳴く。誰かを呼ぶように、探すように……。

ふと気づいて、愕然とした。

あの雌のアイベックスが探しているのは、自分の子供ではないだろうか。その子供は、昨日の夜、雪豹たちに追われて谷底に落ちてしまった、二頭のどちらか……あるいは、両方ではないだろうか。

……メエ、メー……メェ……メェ……。

鳴き声が、峡谷にこだましては、消えていく。胸が、ぎゅうっと締めつけられる。

確かに彼らの世界には、善も、悪も、存在しないのだろう。みな、自分自身の命を保ち続けるために必要なことを、精一杯しているだけなのだと。

でも、彼らにも、感情はある。心はある。

腹いっぱい食べられる食べ物にありつけて喜んだり、仲間とふざけあって楽しんだり、獲物を奪われて怒ったり、子供や親を喪って悲しんだり……。雪豹も、アイベックスも、ほかのどの動物たちも、そうした思いを抱えながら、それぞれの生を生きている。

僕は、自分でもどう解きほぐせばいいのかわからないほど、もつれてぐちゃぐちゃな気持のまま、断崖の突端で、茫然と立ち尽くしていた。

「……タカ！」

崖の突端で、呼ばれた声にふりかえると、ララ・ツェリンが、一人でこちらに歩いてきていた。いつもだったら、陽気におどけながら声をかけてくるのに、今日はなぜか、浮かない表情をしている。

「ララも来たんだね。どうしたの？」

「デムルで、雪豹が死んだ」

「えっ！　……何で？」

「殺された。狼たちに」

「狼に？　そんな……あの、雪豹の母親と子供が？」

「いや、あの母子じゃない。この間、俺たちがデムルに行った時に見た、雄の雪豹だ。羊の死骸を、狼たちと取り合っていただろう。あいつだ」

あの母親と子供は無事だと聞いて、一瞬、ほっとした自分がいた。しかし、雄の方が……なぜ、そんなことになったのだろう。

「狼が、雪豹を殺して……食べたの？」

「いや、食べてない。ただ、襲って、殺した。あのあたりでの、雪豹と狼との縄張り争いだったんじゃないかと思う」

そんな戦いが、起こりうるのだろうか。狼と雪豹が、ただ、憎悪にかられて殺し合うようなことが。確かに、この間の羊の死骸の奪い合いの時、狼たちは遠吠えをしながら、羊を食べる雪豹の周囲を取り巻いてはいたが……。

「雪豹が……狼に殺されるなんて……」

「俺も、そんな話は今まで聞いたことがない。雪豹には、牙だけでなく、足の爪という武器もある。もし、一対一なら、狼は雪豹と戦ったりはしないだろう。でも……」

ララは少し息をついて、話を続けた。

「デムルのあたりの狼は、群れで暮らしてる。狼は頭がいい。群れで雪豹を取り囲んで、一斉に襲いかかれば、手傷は負うかもしれないが、狼たちが勝てる可能性はある。あの雄の雪豹も、歳を取りすぎていたか、病気だったかで、身体が弱っていたのかもしれないな……」

そこまで言ってから、彼は、手に持っていたスマートフォンを操作して一枚の写真を表示し、僕に見せた。

「今朝、デムルの知り合いから送られてきた」

画面には、不鮮明ながら、地面に横たわる一頭の雪豹の姿が映し出されていた。

赤い血は、ほとんど見えない。四本の足を揃え、右半身を下にして横たわる雪豹は、まるで眠っているかのように目を閉じていた。その死に顔は、穏やかにすら見えた。

雪豹もまた、この大地で生まれては消えていく、無数の命の一つでしかない。

彼らの歌

キッバルの村では、ダチャンが行われてから約二週間後に、メントクと呼ばれる祭りが催される。メントクとは、現地の言葉で「花」という意味だ。毎年、冬の終わり頃に行われるダチャンとメントクは、対となる行事なのだという。

メントクでは、ダチャンの時と同じように、村人による炊き出しのごちそうがふるまわれるが、重要な儀式は、その前夜に行われる。ルイヤによる神降ろしの儀式の後、村人たちが大きな焚き火を囲みながら、歌と踊りに興じるのだ。

その日は朝からずっと曇っていて、時折雪がちらつく、寒い一日だった。すっかり日が暮れて真っ暗になった頃、ソナム・ノルブーの案内で、集落の北西にある古いお堂へ。祭りによって、儀式を行う場所は異なるらしい。

堂内ではすでに、ルイヤの男性が祈祷を始めているようだった。お堂は小さく、付き添いの村人たちでぎっしり満員だったので、僕はソナムと一緒に、外でしばらく待つことにした。

「今夜のメントクでは、何という名のラーを呼んでるんだろう？」

「えーっと、確かチョーキン・ルンゴロンというのと、キルンと、それから……ドンボチェン、だったかな」

「この間は二人で、今日は三人も？　キッバルのルイヤは、大変だね……」

雪がまた降りはじめた頃、ドンドンドンドン、ボンボンボン、と太鼓が打ち鳴らされ、お堂の中から付き人たちと、ルイヤが外に出てきた。ルイヤはダチャンの時と同じ、金と青で彩られた赤い長衣をまとい、銀の髑髏があしらわれた冠を戴いている。どのラーなのかはわからないが、すでに憑依しているようで、差し出された瓶からぐびりと酒を飲んでは、うつろな目をしたまま、何事かを呟き続けている。やがてルイヤは、長い袖を翻しながら、くるり、ゆらり、と舞いはじめた。暗がりの中でよく見ると、一本の長い鉄串が、すでに彼の右頬から左頬までを真横から貫き通していた。

舞を終えたルイヤが、付き添いの村人たちとともにお堂に戻る。「ファイヤーダンスをする広場に、先に行って待っていよう」と、ソナムは僕を、お堂から少し下った場所にある小さな広場へと連れて行ってくれた。何もない、がらんとした空き地だ。太陽光パネルが取り付けられている常夜灯が一本立っていて、広場を仄かに照らしている。地面のそこかしこに、たくさんの細い木の枝が、いくつかの山に分けて積み上げられていた。

広場にはすでに、臙脂色の分厚いフェルトの長衣に身を包んだ村人たちが大勢集まっていたが、ルイヤと付き人たちは、広場になかなか降りてこなかった。じっとしていられないほど、寒い。少しでも身体を暖めるために、僕は小刻みに足踏みしながら、広場の周囲をうろうろと歩き回った。雪は次第に激しさを増して、人々のニット帽や上着の肩口に、白く積もりはじめていた。

三、四十分ほども経って、ようやく、ルイヤと付き添いの村人たちが広場に姿を現した。ルイヤの左右の頬を貫いていた鉄串はすでに抜かれていたが、三人のうちのいずれかのラーの憑依は続いているようで、ルイヤがかすれた声でぼそぼそと呟くたびに、通訳の男性が、村人たちにお告げの内容を知らせている。やがて唐突に、ルイヤはびくびくっと身体を震わせ、ラーの憑依から解き放たれた。すぐに我に返って、ほかの村人たちと平然とおしゃべりを始める様子は、以前デムルのナムガンで見たルイヤのそぶりとそっくりだ。

用意されていた細い木の枝が広場の中央に寄せ集められ、火をつけられた。闇夜に、炎が立ち昇る。ドントコトン、ドントコトン、と太鼓が奏でるリズムとともに、歌が始まった。村人たちはちょっと照れくさそうに笑いながら、左右に手をつなぎ合って、炎の周りで大きな輪を作った。ゆったりと身体を揺すりながら、前へ、横へ、後ろへ、前へと、ステップを踏む。その輪の外側では、酒瓶とコップを手にした村の女性たちがケラケラと笑いながら、自家製の蒸留酒アラクを、村人たちにふるまって回っている。

太鼓の音と、歌声と、さんざめく笑い声が、雪の舞い落ちる夜空へと吸い込まれていく。

僕がこの村で過ごした日々も、まもなく、終わりを迎えようとしていた。

翌朝、窓の外は、宙を舞う雪で真っ白だった。今日は、撮影に行くのは無理かな……と半ばあきらめていたのだが、昼頃にはどうやら小止みになって、出かけられるようになった。ほっとした。あの雪豹の双子に会いに行けるのは、今日が最後だから。

迎えに来てくれたソナムとともに、集落を離れ、すっかり歩き慣れた雪の斜面を横切って、スードゥンまで歩いていく。四日ほど前に二頭のアイベックスを仕留めて以来、雪豹の双子はずっと、スードゥンの谷底の川べりに居続けていた。今日は崖の上からでも、何とか姿を確認できる位置にいる。禿鷲たちに奪われないように、彼らが川岸の狭い岩陰に隠して、代わるがわる食べ続けていたアイベックスの肉は、すっかりなくなってしまったらしい。以前、対岸の崖の中腹にある岩の窪みに嵌まり込んで動けなくなっていた別のアイベックスは、どうにか自力で無事に脱出したようで、その岩棚はからっぽになっていた。

断崖の上には、僕とソナムのほかに、別のグループのスキャナーが二人ほどいるだけだった。そのグループの撮影者たちは、少し前に、もっと低い角度から雪豹たちを撮影できそうな場所を探して、遠く離れた南の斜面に移動してしまっていた。雪豹の撮影を目的にしたグループは、キッバルではもう、かなり少なくなっていた。雪豹撮影のシーズンも、終わりにさしかかっているからだろう。

「タカ・サー。そのカメラのモニタに、雪豹を表示してもらってもいい？　僕のモバイルから、彼女に見せてあげたくて」

近くの大きな岩にもたれ、スマートフォンをスピーカー・モードにしてガールフレンドとおしゃべりしていたソナムが、僕に声をかけてきた。

「ああ、いいよ。でも、それで彼女の側から、ちゃんと見えるのかな？」

「大丈夫、大丈夫」

ソナムはそう言いながら、三脚の上でほぼ真下に向けて固定しているカメラのそばにやってきた。谷底の岩の上で身体を丸めている雪豹たちの姿を、僕が液晶モニタに拡大表示させてあげると、ソナムはそこにスマートフォンのカメラを向けた。

「……わー！　シェン（雪豹）だ！　見えるねー！　すごーい！」

スピーカーから、女の子の無邪気な歓声が聴こえてくる。ソナムは得意満面だ。

こんな風にして、ソナムと二人で雪豹の姿を追い続けた日々も、今日で終わる。

「……ソナムは、あとどのくらい、キッバルにいるの？」

ガールフレンドとの通話が終わったのを見計らって、僕は彼に訊いた。

「二週間くらいかな。スキャナーの仕事が終わったら、すぐにシムラーに戻るよ」

「そうか、雪豹の撮影ができる時期も、もうすぐ終わりなんだね。その後、スピティには春が来て、村の人たちはみんな、畑仕事で忙しくなるんだろうな……」

僕は、前から訊いてみたかった質問を、ソナムにしてみることにした。

「キッバルというか、スピティの人たちはさ、雪豹のことを、どう思ってるの？」

「雪豹を？　そうだねえ……昔はたぶん、雪豹は、あんまり好かれてなかったと思う。ほら、雪豹は、家畜の羊や山羊を殺して食べちゃうしさ。昔は、村の近くで姿を見かけたら、石を投げて追い払ってたらしいよ」

ソナムは、ぶん、と石を投げるそぶりをして笑った。

「でも最近は、大勢の人が、雪豹のことを好きになってると思うなあ。スピティで雪豹が暮らしてることを、みんな、誇りに思ってる。雪豹がいてくれるおかげで、冬の間も、撮影ツアーに関係する仕事ができて、収入も増えたから、そういう人は特に喜んでるよ。僕もね。外から来た人が一度に集まりすぎちゃうと何かと大変だけど、それでも雪豹の撮影ツアーがあるから、僕たちと雪豹の関係は昔よりよくなってるし、それが雪豹の保護にもつながってると思う」

「なるほど。じゃあ、これから先は、どうなっていくと思う？」

「そうだなあ……。村の近くに姿を現す雪豹の数は、だんだん減っていくかもしれないね」

「どうして？」

「年々、雪の量が減ってるから。前にも話したと思うけど、雪豹は雪のある場所が好きだから、雪が少ないと、冬の間も山の高いところに居続けちゃうんだよね。アイベックスもそう。その代わり、狼の数は増えるかも」

「狼が？　何で？」

「これは僕の推測なんだけど、雪豹と違って狼は、雪の少ない場所の方を好むみたいなんだ。だから、これから先、このあたりに降る雪の量がさらに少なくなったら、雪豹は減って、狼は増えるかもしれない。そうなったら……」

「どうするの？」

「……スノーレパード・エクスペディションっていう撮影ツアーの名前を変えて、スノーレパード・アンド・ウルフ・エクスペディションにしなきゃ！　雪豹だけじゃなく、狼も撮りましょう！　って。……これ、いいアイデアだと思わない？」

僕は思わず、吹き出してしまった。未来がどうなるかは誰にもわからないけれど、スピティの若者たちは、朗らかで、タフで、したたかだ。

「お！　タカ・サー、あの子たち、動き出したみたいだよ……！」

腰を下ろしていた岩から立ち上がり、カメラのファインダーを覗く。雪豹の双子は、ぬぬーっ、とそれぞれ大きく伸びをしてから、湾曲した峡谷の川べりに沿って、南へとゆっくり歩きはじめた。いつものように、時折立ち止まって、互いの姿を確かめ合いながら。

「仲がいいねえ、あの子たち」双眼鏡を覗きながら、ソナムが笑う。

雪豹の双子が一緒に過ごす日々も、おそらく、もうすぐ終わりを迎える。成獣となった雪豹は、基本的に、単独で暮らすようになるからだ。あの双子が一緒にいる姿を、僕たち人間が目にすることができるのは、この冬が最後になるだろう。偶然にもその機会に立ち会えた僕は、本当に、幸運だった。

冬のスピティで出会ってきた、動物たちのことを思う。デムルの雪豹の母親と子供。不幸な最期を迎えてしまった雄の雪豹。巨大な角を戴いたアイベックスと、彼らのいたいけな子供たち。巨大な翼の禿鷲。ふてぶてしい狼たち。すばしこい狐たち。そして、あの双子の雪豹……。極寒の高地で、巡り巡る命を、見つめ続けた日々。言葉にはしきれないたくさんのものを、僕は、彼らから受け取ったように思う。

雪豹たちの姿が、雪の積もった川沿いを、ゆっくりと遠ざかっていく。ファインダーを覗いてその姿を追いながら、僕は小声で呟いた。

「ザンソン（ありがとう）」

雪豹の双子の姿を最後に見届けた日の翌朝、僕は村人の車に乗せてもらって、一カ月ほど滞在し続けたキッバルを離れ、カザの街へと移動した。

インド北部にある同じチベット文化圏のラダックやザンスカールでもそうなのだが、スピティの人々もまた、別れを惜しむというしぐさを、まったく見せない性分のようだ。馴染みの友達のララ・ツェリンはもちろん、ナムギャル・ホームステイの家族の面々も、じゃあまたな、と、ほんの軽い挨拶しかしてくれない。生きていれば、あるいは来世でも、そのうちどこかでまた会えるから、と考えているのだろうか。ザンモおばさんの孫娘のタンジン・ノルキーだけは、たぶん今も僕のことを、二度と会いたくないほどものすごく怖い日本のおっさん、と信じ込んでいるだろうけど。

ソナム・ノルブーとの別れも、出発間際に、車のドア越しに軽く握手をしたくらいで終わってしまった。ソナムからはその後もずっと毎日のように、ＳＮＳ経由で、彼とガールフレンドの仲睦まじい写真を見せつけられているので、遠く離ればなれになってしまった感覚は、あまりないのだが。

カザの街では、スピティに到着した時にも世話になった街はずれの宿に、また一晩、泊めてもらうことになった。宿のおかみさんは、真っ黒に雪焼けした僕の顔を見るなり、「あんた！……顔！　顔！　黒くなりすぎ！　すごいね！　アッハッハ！」と爆笑して、居間でチャイを淹れてくれている間も、ずっとクックックッと笑い続けていた。僕の変貌っぷりが、よほど面白かったのだろう。その日の夕食を終え、僕の部屋までお湯の入った魔法瓶を運んできてくれた時も、おかみさんはまた僕の顔を見て、ぷっと吹き出しながら言った。

「あんた、日本に帰ったら、空港に誰か迎えに来るの？」

「いや、空港には来ないですけど、家には妻が……」

「あんたの奥さん、今のあんたの顔を見て、見分けがつくと思う？　玄関開けるなり、急に知らない人が来たって、ぎゃーって叫んじゃうよ！　アーッハハハハ！」

おかみさんはヒーヒーと笑い泣きしながら、暗い廊下を歩いていった。

次の日の早朝、僕は、ララが探してくれた現地の人の車に便乗させてもらって、カザを離れ、キナウル地方の中心地、レコン・ピオの街に移動した。レコン・ピオの宿で、およそ一カ月半ぶりにホットシャワーを浴びた時の感動ときたら……。あの気持をわかってくれる人は、今の世の中に、どのくらいいるだろうか。

その翌日から丸二日間、スピティとキナウルの一帯では、凄まじい大雪が降った。

レコン・ピオでは送電と通信網が途絶え、街から東西につながる幹線道路も、大規模な雪崩と土砂崩れで、何カ所も寸断されてしまった。もし、僕がカザを発つタイミングがあと一日遅かったら、一週間から十日は、スピティから出られなくなっていただろう。ようやく雪が止んだ後、僕はレコン・ピオからヒッチハイク同然のやり方で何度も車を乗り継いだり、土砂崩れ現場で崖を歩いて登って迂回したりしながら、どうにか、州都のシムラー、そして首都のデリーまで脱出したのだが、それはまた、別の話だ。

インドから日本に帰国して、東京の自宅に戻った時、体重計に乗ると、意外にも二キロほどしか減っていなかった。ただ、スピティの冬の苛酷さには、やはり相当体力を削られていたようだ。その後もしばらくは、身体からなかなか疲れが抜けず、ぐったりとした状態が続いた。身体だけでなく、心もまた、ずっと、うわの空のままだった。それは疲れというより、冬のスピティで遭遇した光景、経験した出来事の一つひとつが、五感のすべてを通じて、心の奥底まで深く刻み込まれていたからだと思う。すべての記憶があまりにも鮮烈すぎて、自分の中で咀嚼しきれず、寝ても覚めても、ずっと消えないままでいた。

数カ月が過ぎ、東京が梅雨の季節を迎えようとしていた頃、スピティのデムル出身で、今はラルンの学校で教師をしている友人、タンジン・トゥンドゥプから、SNS経由でメッセージが届いた。冬にラルンの学校で彼に会った時に訊いた、デムルの村の女性たちが歌っていた歌の歌詞について、彼が実家の母親に確認して、連絡してきてくれたのだった。

「実際は、ものすごく長い歌らしいんだけど、君が撮って送ってくれた歌の動画に出てくるところは、よく歌われるわかりやすい部分だったから、そこを英語に訳したものを送るよ」

それをさらに日本語に訳すと、こんな歌詞になった。

＊＊＊

神とすべての聖なる方々よ
われらが生まれた故郷の村と
そこで暮らす者どもを
どうかお守りください

われらが村の若人たちよ
そなたらはまるで
野や山々に咲き乱れる
白や黄色の花々のようだ

＊＊＊

すべてのピースが、かちり、と嵌まったような気がした。
峻険(しゅんけん)な山に咲く、花々の儚(はかな)さと美しさを慈しむように……スピティの人々は遠い昔から、自然への畏(おそ)れと、大いなる者への祈りと、彼の地の未来を担う若者たちに託す希望を、このしらべに乗せて歌い継いできたのだ。

これからのスピティがどうなるのかは、わからない。歯止めのかからない気候変動。急激に進む開発に伴って、外界からなだれ込む物資と情報。ほんのわずかな歳月のうちに、想像もつかないような、取り返しのつかない変化が起こってしまうかもしれない。その変化の行く末は、スピティだけでなく、日本にも、地球上のすべての場所にも、関わってくるものだと思う。人間や、雪豹や、すべての生きとし生けるものたちが、それぞれの居場所で穏やかに、あるがままに生きていくことのできる未来を、僕たちは、選び取ることができるだろうか。

標高五千メートルを超える山の上でも、雪解け水がほんのわずかでもあれば、種子は芽吹き、根を張り、葉を広げ、やがて小さな花を咲かせる。
目を閉じると、白や黄色の花々が咲く山の稜線を歩く、一頭の雪豹の姿が見える。凛としたその瞳は、はるか遠くにそびえる雪嶺を見つめている。

雪豹の大地　スピティ、冬に生きる

2025年4月24日　初版第1刷発行

文・写真　　山本高樹

発行者　　安在美佐緒
発行所　　雷鳥社
〒167-0043
東京都杉並区上荻2-4-12
TEL　03-5303-9766
FAX　03-5303-9567
HP　http://www.raichosha.co.jp
E-mail　info@raichosha.co.jp
郵便振替　00110-9-97086

デザイン　　あきやまなおこ
地図作成　　高棟 博（ムネプロ）
印刷・製本　　シナノ印刷株式会社
編集　　益田 光

協力　　ララ・ツェリン（Spiti Valley Tours）
タンジン・トゥンドゥプ
ソナム・ノルブー
小林美和子

ISBN 978-4-8441-3813-6 C0026 ©Takaki Yamamoto / Raichosha 2025 Printed in Japan.